Lutz Friederichs, Martin Wenning

DIN V 18599 in der Praxis

Lutz Friederichs, Martin Wenning

DIN V 18599 in der Praxis

Fragestellungen und Anwendungshilfen
zur energetischen Bewertung von Gebäuden

Fraunhofer IRB Verlag

Bibliografische Information der Deutschen Nationalbibliothek:
Die Deutsche Nationalbibliothek verzeichnet diese Publikation in der Deutschen Nationalbibliografie; detaillierte bibliografische Daten sind im Internet über www.dnb.de abrufbar.

ISBN (Print): 978-3-8167-9083-9
ISBN (E-Book): 978-3-8167-9084-6

Herstellung: Angelika Schmid
Umschlaggestaltung: Martin Kjer
Satz: Fotosatz Buck, Kumhausen
Druck: Druckerei & Verlag Steinmeier GmbH & Co. KG, Deiningen

Fraunhofer-Informationszentrum Raum und Bau IRB
Nobelstraße 12, 70569 Stuttgart
Telefon +49 711 970-2500
Telefax +49 711 970-2508
irb@irb.fraunhofer.de
www.baufachinformation.de

Inhaltsverzeichnis

Vorwort

Bereits mit der Novellierung der EnEV im Oktober 2007 wurde durch die Einführung der Normenreihe DIN V 18599 als neue Berechnungsgrundlage für die energetische Bewertung von Nichtwohngebäuden eine Zeitenwende eingeläutet.

Gegenüber der zuvor für die energetische Bewertung von Wohn- und Nichtwohngebäuden vorgeschriebenen DIN V 4108-6:2003-06 in Verbindung mit der DIN V 4701-10:2003-08 haben sich insbesondere bei den Nichtwohngebäuden die zu betrachtende Bilanzgrenze und die darin zu beachtenden Energiemengen deutlich erweitert.

Der neue, integrale Ansatz ermöglicht eine Bewertung der Gesamtenergieeffizienz von Gebäuden unter Berücksichtigung der Teil-Energiemengen für die Beheizung, die Versorgung mit Trinkwarmwasser, die Beleuchtung, die Kühlung und die raumlufttechnische Konditionierung und bietet damit für die Mehrzahl der vorhandenen Objekte eine realistischere Abbildungsmöglichkeit der energetisch relevanten Komponenten.

Die Ausweitung der zu betrachtenden Teil-Energiemengen gegenüber dem alten Bilanzierungsverfahren ist nicht unerheblich. Eine Folge dieser umfassenderen, integralen Betrachtungsweise von Gebäuden ist die Notwendigkeit sich sehr intensiv mit dem Inhalt und der Logik des Bilanzierungsverfahrens nach DIN V 18599 zu beschäftigen. Die Erfahrung der zurückliegenden Jahre seit Einführung der Normenreihe hat zudem gezeigt, dass ohne eine umfassende Schulung und Weiterbildung die teilweise sehr ins Detail gehenden Berechnungsparameter vom Anwender nicht immer treffend verwendet werden.

Der integrale Bilanzierungsansatz nach DIN V 18599 erfordert vielmehr eine weitergehende Spezialisierung, um insbesondere die heutzutage immer komplexer werdenden Nichtwohngebäude fachlich und technisch korrekt abbilden zu können. Die energetische Bewertung von Gebäuden verlangt heute daher sehr viel umfassenderes Wissen in den Bereichen Heizung, Beleuchtung, Belüftung, Kühlung und Trinkwarmwasserversorgung als es für das alte Bilanzierungsverfahren nach DIN V 4108-6 und DIN V 4701-10 nötig war.

Somit hat sich auch die klassische »Zuständigkeit« des Architekten, des Bauphysikers oder des Statikers für das öffentlich-rechtliche EnEV Nachweisverfahren etwas verschoben.

Die meisten Gebäude sind heute in der energetischen Bewertung deutlich »techniklastiger« als zu früheren Zeiten. Daher haben sich zuletzt mehr und mehr Kollegen auch aus der haustechnischen Fachplanung mit der Thematik DIN V 18599 befasst und den Bewerberkreis zur Ausführung dieser Leistung ergänzt.
Dieser Praxisleitfaden soll Motivation und Ansporn zugleich sein, sich intensiv mit der Materie der DIN V 18599 und der Energieeinsparverordnung (EnEV) zu befassen. Die behandelten Themen entstammen der Praxis und sollen den Normanwendern eine Hilfestellung bieten.

Die behandelten Themen entstammen der Praxis der letzten vier Jahre und beziehen sich dadurch auf die EnEV 2009. Da die Themen aber grundlegender Natur sind, können sie dem Normanwender auch mit Inkrafttreten der novellierten EnEV bzw. DIN V 18599 eine fachliche Hilfestellung bieten. Auf die Änderungen in diesen novellierten Fassungen wird im Text aber nicht explizit hingewiesen.

Stutensee, München, Oktober 2013

Dipl.-Ing. (FH) Lutz Friederichs
Beratender Ingenieur
Fachingenieur für Energieeffizienz

Dipl.-Ing. Martin Wenning
Sachverständiger für Bauphysik beim TÜV SÜD in München

EnEV/Normen – Allgemein

1. Bewertung einer senkrechten Randdämmung nach DIN EN ISO 13370:1998

Bei der Abbildung des unteren Gebäudeabschlusses nach DIN EN ISO 13370:1998 kann die Eingabe einer senkrechten Randdämmung den Wärmeverlust über erdberührte Bauteile vermindern. In diesem Zusammenhang ist zu klären, wie eine vorhandene Stirnseitendämmung einer Bodenplatte auf Erdreichoberkante zu behandeln ist. Die DIN EN ISO 13370 ist derzeit in der Ausgabe 1998 zwingend zu verwenden, da im Kontext mit der EnEV 2009 und der DIN V 18599:2007-02 auf diese Ausgabe verwiesen wird.
Eine senkrechte Randdämmung nach DIN EN ISO 13370:1998 wird in Abbildung 1 wie folgt dargestellt und beschrieben:

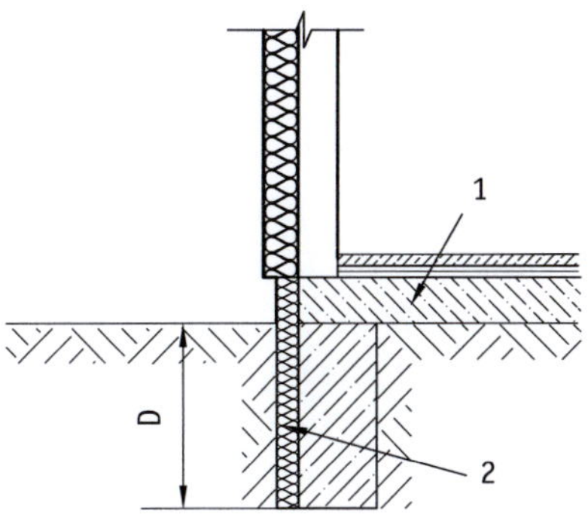

1 Bodenplatte
2 Senkrechte Randdämmung

Abb. 1: Senkrechte Randdämmung [Quelle: in Anlehnung an DIN EN ISO 13370:1998]

Dabei ist D nach DIN EN ISO 13370:1998 Abschnitt 9.3 die Einbindetiefe der senkrechten Randdämmung unterhalb der Erdreichoberkante in Metern.

Anmerkung: Die Wärmedämmung an der Stirnseite einer Bodenplatte auf Erdreichoberkante gilt nach der in Abb. 1 ersichtlichen Definition nicht als senkrechte Randdämmung und darf daher bei der Modellierung des unteren Gebäudeabschlusses nach DIN EN ISO 13370:1998 nicht als senkrechte Randdämmung angesetzt werden.

2. Exponierter Umfang einer Bodenplatte nach DIN EN ISO 13370:1998

In DIN EN ISO 13370:1998 wird in Kapitel 7 dargelegt, dass der exponierte Umfang einer Bodenplatte auf Erdreichoberkante die Gesamtlänge der Außenwand umfasst, die das beheizte Gebäude von der äußeren Umgebung oder von einem unbeheizten Raum außerhalb der gedämmten Gebäudehülle abgrenzt.
Zur Bestimmung des stationären Leitwertes L_s einer Bodenplatte auf Erdreich (Erdreichoberkante) wird zunächst der Grundwert des Wärmedurchgangskoeffizienten U_0 berechnet. Der Wärmedurchgangskoeffizient U_0 einer Bodenplatte auf Erdreich ist nach Kapitel 8 der Norm von dem charakteristischen Bodenplattenmaß B' und von der wirksamen Gesamt-Dicke d_t der Umfassungswände abhängig.
Mit der Angabe des exponierten Umfangs P wird nach Gleichung (1) das charakteristische Bodenplattenmaß bestimmt.

$$B' = \frac{A}{\tfrac{1}{2} P}$$ Gleichung (1)

Außenliegende Zonen
Bei der Ermittlung des exponierten Umfangs P im Bereich von außenliegenden Räumen des Gebäudes ist die in DIN EN ISO 13370:1998 Kapitel 7 ausgeführte Definition ausreichend. Eine außenliegende Zone weist eine Gesamtlänge der Außenwand auf, die das beheizte Gebäude von der äußeren Umgebung oder von einem unbeheizten Raum außerhalb der gedämmten Gebäudehülle darstellt.

Der exponierte Umfang P sowie die wirksame Gesamt-Dicke d_t nach Gleichung (2) können bestimmt werden.

$$d_t = w + \lambda(R_{si} + R_f + R_{se})$$ Gleichung (2)

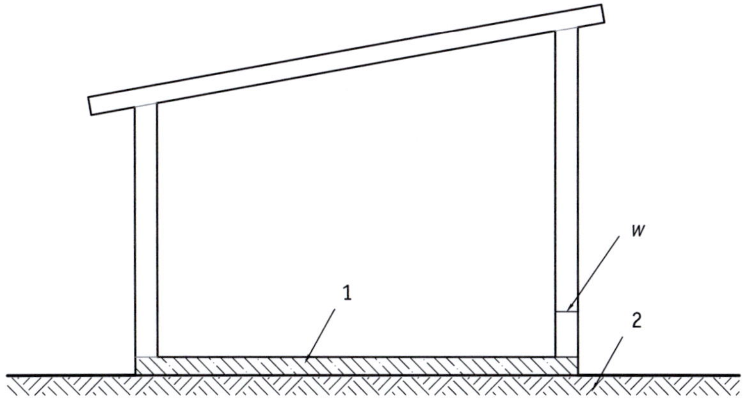

1 Bodenplatte
2 Erdreich

Abb. 2: Schematische Darstellung einer erdberührten Bodenplatte
[Quelle: DIN EN ISO 13370:1998]

Innenliegende Zonen

Für innenliegende Räume bzw. Zonen eines Gebäudes, die keinen exponierten Umfang *P* nach der benannten Definition aufzuweisen haben, kann *B*' jedoch aufgrund des Nullwertes für *P* im Nenner der Gleichung (1) nicht berechnet werden.

Auch bei der Ermittlung der wirksamen Gesamt-Dicken d_t der Umfassungswände *w* von innenliegenden Bereichen trifft die Norm keine Aussage, da die DIN EN ISO 13370:1998 nicht auf eine Mehrzonenmodellierung ausgelegt ist.

Anmerkung: In der Praxis hat sich durchgesetzt, dass bei innenliegenden Zonen, deren exponierter Umfang ausschließlich an beheizte Bereiche grenzt, so verfahren wird , dass sowohl für das charakteristische Bodenplattenmaß *B*' als auch für die Dicke in Erdreichoberkante auf die Daten des Gesamtgebäudes zurückgegriffen werden darf.

3. Dichtheitsprüfung und der n_{50}-Wert

Welcher n_{50}-Wert ist bei einer durchgeführten Dichtheitsprüfung für die energetische Schlussbewertung eines Gebäudes anzusetzen, der Bemessungswert nach DIN V 18599 Tabelle 4 oder der reale n_{50}-Messwert nach DIN EN 13829:2000?

Bei der energetischen Bewertung von Gebäuden werden im Rahmen der Wärmequellen-/Wärmesenkenbetrachtung nach DIN V 18599-2:2007-02 Abschnitt 6.3.1.1 bei der Bestimmung des Infiltrationsluftwechsels n_{inf} die n_{50}-Bemessungswerte in Tabelle 4 verwendet. Diese gelten als Standard-Bemessungswerte für ungeprüfte Gebäude in der Planungsphase.

Pauschale Einschätzung der Gebäudedichtheit	Bemessungswerte n_{50} (h^{-1})
Kategorie I *	2/1
Kategorie II	4
Kategorie III	6
Kategorie IV	10
* Gebäude mit/ohne raumlufttechnische Anlage	

Tab. 1: n_{50}-Bemessungswerte. [Quelle: in Anlehnung an Tabelle 4 DIN V 18599-2:2007-02]

Die DIN V 18599-2:2007-02 teilt Gebäude hierbei in 4 Kategorien ein.

Kategorie I

Einhaltung der Anforderungen an die Gebäudedichtheit nach DIN 4108-7:2001-08 4.4 (d. h., die Dichtheitsprüfung wird nach Fertigstellung durchgeführt)

- Gebäude ohne raumlufttechnische Anlage (Anforderungen an die Gebäudedichtheit: n_{50} <= 3 h^{-1})
- Gebäude mit raumlufttechnischer Anlage (auch Wohnungslüftungsanlagen) (Anforderung an die Gebäudedichtheit: n_{50} <= 1,5 h^{-1})

Kategorie II

Zu errichtende Gebäude oder Gebäudeteile, bei denen keine Dichtheitsprüfung vorgesehen ist

Kategorie III
Fälle, die nicht den Kategorien I, II oder IV entsprechen

Kategorie IV
Vorhandensein offensichtlicher Undichtigkeiten, wie z. B. offene Fugen in der Luftdichtheitsschicht der wärmeübertragenden Umfassungsfläche.

Als Maß der Gebäudedichtheit gilt dabei nach Abschnitt 6.3.1.1 Satz 2 der gemessene n_{50}-Wert (Luftwechsel bei 50 Pa Druckdifferenz).
In der Auslegungsstaffel Nr. 11 des DIBt wurde zum einen die Frage nach dem zu verwendenden Verfahren im Zusammenhang mit dem EnEV Nachweis und zum anderen auch der Messzeitpunkt der Überprüfung weiter präzisiert. Nach den Ausführungen des DIBt ist das Verfahren B der DIN EN 13829 bei der Überprüfung der Dichtheit anzuwenden, da hierbei die Gebäudehülle ohne eingebaute haustechnische Anlagen einer Überprüfung unterzogen wird. Die Auslegung entspricht der EnEV § 6 Abs. 1, da zu errichtende Gebäude so auszuführen sind, dass die wärmeübertragende Umfassungsfläche einschließlich der Fugen dauerhaft luftundurchlässig entsprechend den anerkannten Regeln der Technik zu sein hat.

Anmerkung: Die Verwendung der n_{50}-Bemessungswerte ist für ungeprüfte Gebäude im Rahmen einer ersten Gebäudebilanzierung nach DIN V 18599 zulässig. Bei der abschließenden energetischen Bewertung des Gebäudes nach EnEV § 16 Abs. 1 ist die nach DIN EN 13829:2000 und dem Verfahren B ermittelte Luftwechselrate zu verwenden, analog den Ausführungen des DIBt in der 11. Staffel der Auslegungsfragen zur EnEV.

4. Wohnnutzung in Mischgebäuden

Die EnEV 2009 regelt in Abschnitt 6 § 22 »Gemischt genutzte Gebäude« die Vorgehensweise bei der Abbildung von Gebäuden mit Wohn- und Nichtwohnanteil. Diese Unterscheidung ist notwendig und auch sinnvoll, da Wohngebäude häufig mit einer anderen Anlagentechnik ausgestattet sind als Nichtwohngebäude (Klimatisierung, Lüftung etc.) und über die Aufteilung in Wohn- und Nichtwohngebäude eine präzisere energetische Bilanzierung möglich wird.

Folgende zwei Fälle sind bei der Bewertung des Gebäudes zu beachten:

Nichtwohnnutzung in einem Wohngebäude

§ 22 Absatz 1: *»Teile eines Wohngebäudes, die sich hinsichtlich der Art Ihrer Nutzung und der gebäudetechnischen Ausstattung wesentlich von der Wohnnutzung unterscheiden und die einen nicht unerheblichen Teil der Gebäudenutzfläche umfassen, sind getrennt als Nichtwohngebäude zu behandeln.«*

Wohnnutzung in einem Nichtwohngebäude

§ 22 Absatz 2: *»Teile eines Nichtwohngebäudes, die dem Wohnen dienen und einen nicht unerheblichen Teil der Nettogrundfläche umfassen, sind getrennt als Wohngebäude zu behandeln.«*

In der Auslegungsstaffel 11 des DIBt wurde die Formulierung »ein nicht unerheblicher Teil« mit Verweis auf die amtliche Begründung zu der EnEV 2007 präzisiert. Als Orientierungshilfe gelten bis zu 10 % der Gebäudenutzfläche in der Regel als unerheblich. Mit diesem Kriterium soll den Anwendern ausreichend Flexibilität gegeben und eine gesonderte Zonierung für kleinere Flächen vermieden werden.

Beispiel

Angenommen wird der Fall einer Wohnnutzung in einem Nichtwohngebäude mit einem Flächenanteil von mehr als 10 % der Gebäudenutzfläche und bei der Wohnnutzung von zwei separat zu betrachtenden Situationen aus. In Anlage 1 Tabelle 2 zur EnEV 2009 werden die Höchstwerte des spezifischen, auf die wärmeübertragende Umfassungsfläche bezogenen Transmissionswärmeverlustes in Abhängigkeit vom Gebäudetyp und der Gebäudenutzfläche definiert.

Gebäudetyp		Höchstwert des spez. Transmissionswärmeverlusts
Freistehendes Wohngebäude	$A_N \leq 350$ m²	$H'_T \leq 0{,}40$ W/(m² K)
	$A_N > 350$ m²	$H'_T \leq 0{,}50$ W/(m² K)
Einseitig angebautes Wohngebäude		$H'_T \leq 0{,}45$ W/(m² K)
Alle anderen Wohngebäude		$H'_T \leq 0{,}65$ W/(m² K)
Erweiterungen und Ausbauten gemäß EnEV § 9 Abs. 5		$H'_T \leq 0{,}65$ W/(m² K)

Tab. 2: Höchstwerte des spezifischen, auf die wärmeübertragende Umfassungsfläche bezogenen Transmissionswärmeverlusts [Quelle: in Anlehnung an EnEV 2009, Anlage 1 Tabelle 2].

Die EnEV 2009 verlangt von den Anwendern die Festlegung des Gebäudetyps für das betrachtete Wohngebäude. Die Zeilen 1 bis 4 unterscheiden hierbei zwischen:

- Freistehenden Wohngebäuden
- Einseitig angebauten Wohngebäuden
- Allen anderen Wohngebäuden
- Erweiterung und Ausbau von Wohngebäuden gemäß § 9 Absatz 5.

Situation 1

Unterstellt wird, dass die Wohnnutzung 2 einen Flächenanteil von mehr als 10 % der Gebäudenutzfläche aufweist und daher eine getrennte energetische Betrachtung der beiden Gebäudearten notwendig wird.
Die Festlegung des Gebäudetyps für das Wohngebäude nach Anlage 1 Tabelle 2 kann nach Zeile 2 als »Einseitig angebautes Wohngebäude« eindeutig vorgenommen werden. Der als eigenständiges Wohngebäude zu betrachtende Gebäudeteil mit Wohnnutzung hat eine Kontaktfläche zum ansonsten als Nichtwohngebäude genutzten Hauptgebäude. Als Grenzwert gilt somit H'_T = 0,45 W/(m^2 K).

Situation 2

Die Wohnnutzung 1 weist einen Flächenanteil von mehr als 10 % der Gebäudenutzfläche auf und ist daher als eigenständiges Wohngebäude im Sinne des § 22 zu bilanzieren. Der Gebäudeteil mit Wohnnutzung hat mehr als eine Kontaktfläche zum Nichtwohngebäudeteil und kann daher nicht mehr als« einseitig angebautes Wohngebäude« nach Zeile 2 definiert werden.
Die korrekte Festlegung des Gebäudetyps erfolgt nach Zeile 3 als »Alle anderen Wohngebäude«. Der Grenzwert für H'_T = 0,65 W/(m^2 K) entspricht somit den gleichen Anforderungen wie an einen Anbau nach Zeile 4.
Wir danken in diesem Zusammenhang dem Bundesinstitut für Bau-, Stadt- und Raumforschung (BBSR) im Bundesamt für Bauwesen und Raumordnung (BBR) für die Unterstützung bei der Auslegung der EnEV 2009.

5. Beleuchtung in einer thermisch nicht konditionierten Zone

Bei der energetischen Bilanzierung von Nichtwohngebäuden mit Tiefgaragen oder anderen thermisch nicht konditionierten Zonen, stellt sich die Frage, ob die eingebaute Beleuchtung im Rahmen des öffentlich-rechtlichen Nachweises zu berücksichtigen und somit zu bilanzieren ist.
Mit der Auslegungsstaffel 9 des DIBt wurde eine Unklarheit in der EnEV 2007 hinsichtlich der zu berücksichtigenden Bezugsfläche beseitigt und folgende Festlegung vorgenommen:
»5. Für sämtliche in Zusammenhang mit der Bildung von Kennwerten, aber auch zur Abgrenzung benutzten Flächen in der Verordnung hat dies zur Folge, dass ausschließlich diejenigen Flächenanteile zu zählen sind, die nach Maßgabe von § 2 Nrn. 4 und 5 thermisch konditioniert werden. Für Nichtwohngebäude ist demnach in § 18 i. V. m. § 9 Absatz 2 und Anlage 2 sowie in § 19 Abs. 2 EnEV der Begriff »Nettogrundfläche« zu verstehen als »Nettogrundfläche des thermisch konditionierten Teils« eines Gebäudes.«
Die Bundesregierung hat mit dem Inkrafttreten der EnEV Novelle 2009 zum § 1 der EnEV folgende Begründung zu Änderungen gegeben: *»Zum Anwendungsbereich der EnEV sind in der Praxis seit dem Inkrafttreten der EnEV 2007 erhebliche Unsicherheiten aufgetreten, ob die Anforderungen der EnEV auch für nicht konditionierte (d. h. beheizte oder klimatisierte) Gebäude und Gebäudeteile gelten. Die Änderung des § 1 Abs. 1 Satz 1 Nr. 1 soll in Übereinstimmung mit Art. 2 Nr. 1 der Richtlinie 2002/91/EG des Europäischen Parlaments und des Rates vom 16. Dezember 2002 über die Gesamtenergieeffizienz von Gebäuden klarstellen, dass sich der Anwendungsbereich der Verordnung auf beheizte oder klimatisierte Gebäude und Gebäudeteile bezieht. Mit der Klarstellung soll den in der Praxis aufgetretenen Unsicherheiten bei der Anwendung der Verordnung entgegengewirkt werden.«*
In der aktuellen EnEV 2009 wird der Anwendungsbereich in § 1 Absatz 1 nun wie folgt festgelegt:

»(1) Diese Verordnung gilt

1. *für Gebäude, soweit sie unter Einsatz von Energie beheizt oder gekühlt werden, und*

2. *für Anlagen und Einrichtungen der Heizungs-, Kühl- Raumluft- und Beleuchtungstechnik sowie der Warmwasserversorgung von Gebäuden nach Nummer 1.«*

Anmerkung: Unter Beachtung der Auslegungsstaffel 9 sowie des § 1 der EnEV 2009 kann für die betrachtete Tiefgarage beispielhaft festgestellt werden, dass weder die thermisch nicht konditionierte Nettogrundfläche noch die Beleuchtungs-/Lüftungstechnik im Rahmen eines öffentlich-rechtlichen Nachweises zu berücksichtigen sind.

6. Anforderungen an die opake, wärmeübertragende Umfassungsfläche von Nichtwohngebäuden

Die Einhaltung der Anforderungen an den mittleren Wärmedurchgangskoeffizienten der wärmeübertragenden Umfassungsfläche von Nichtwohngebäuden nach EnEV 2009 stellt eine zu beachtende Anforderung an die öffentlich-rechtliche Nachweisführung mit unmittelbaren Auswirkungen auf die praktische Bauausführung dar.
Wir betrachten hierzu beispielhaft folgenden Grundriss einer thermisch konditionierten Halle (Raumsolltemperatur > 12 °C).

Grundriss

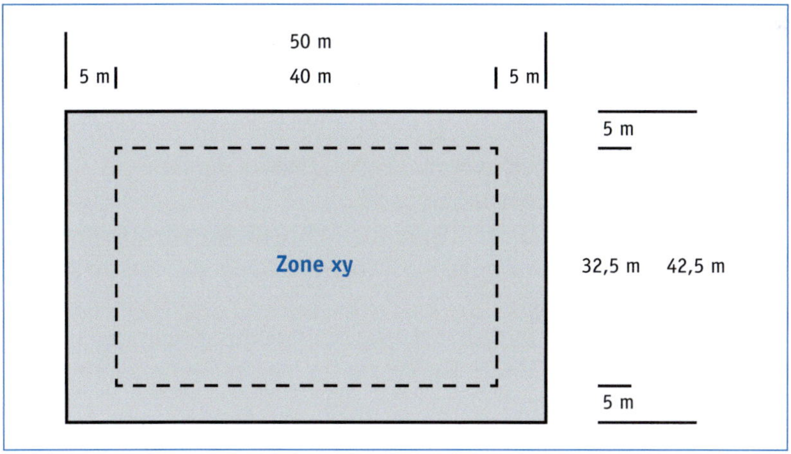

Abb 3: Bodenplatte mit 5 m Randstreifen [Quelle: Lutz Friederichs]

Die Höchstwerte der mittleren Wärmedurchgangskoeffizienten *U*_m ($\bar{U}$) der wärmeübertragenden Umfassungsfläche von Nichtwohngebäuden für die jeweiligen Bauteile sind in Anlage 2 Tabelle 2 aufgeführt.

Bauteil	**Höchstwerte der Wärmedurchgangskoeffizienten auf den Mittelwert des jeweiligen Bauteils bezogen, in W/(m² K)**	
	Raumsoll-Temperatur im Heizfall (in Zonen)	
	≥ 19 °C	12 bis < 19 °C
Opake Außenbauteile	≤ 0,35	≤ 0,50
Transparente Außenbauteile	≤ 1,90	≤ 2,80
Vorhangfassade	≤ 1,90	≤ 3,00
Glasdächer, Lichtbänder, Lichtkuppeln	≤ 3,10	≤ 3,10

Tab. 3: Höchstwerte der Wärmedurchgangskoeffizienten der wärmeübertragenen Umfassungsfläche von Nichtwohngebäuden [Quelle: in Anlehnung an EnEV 2009, Anlage 2 Tabelle 2].

In der EnEV 2009 wird in der Anlage 2 unter Abschnitt 2.3 weiter ausgeführt, wie die Berechnung des mittleren Wärmedurchgangskoeffizienten vorzunehmen ist: »*Bei der Berechnung des Mittelwerts des jeweiligen Bauteils sind die Bauteile nach Maßgabe ihres Flächenanteils zu berücksichtigen.*
Die Wärmedurchgangskoeffizienten von Bauteilen gegen unbeheizte Räume oder Erdreich sind zusätzlich mit dem Faktor 0,5 zu gewichten.
Bei der Berechnung des Mittelwerts der an das Erdreich angrenzenden Bodenplatten dürfen die Flächen unberücksichtigt bleiben, die mehr als 5 m vom äußeren Rand des Gebäudes entfernt sind.
Die Berechnung ist für Zonen mit unterschiedlichen Raum-Solltemperaturen im Heizfall getrennt durchzuführen.« (Quelle: Auszug aus der EnEV 2009, Anlage 2 Abschnitt 2.3)
Für die Praxis ergeben sich hierbei folgende Punkte, die nachfolgend beschrieben sind:

5 m-Bereich

Wie in EnEV 2009 Anlage 2 unter Abschnitt 2.3 angeführt, legt die EnEV und die DIN 4108-2 größtes Augenmerk auf Flächenanteile, die *innerhalb der ersten 5 m* vom äußeren Rand entfernt liegen.

Bei der *Mittelwertbildung* von Bodenplatten, die ans Erdreich grenzen nach EnEV Anlage 2 Abschnitt 2.3, werden diese »5 m-Flächenbereiche« vollumfänglich berücksichtigt, während alle Flächen außerhalb des 5 m-Streifens unberücksichtigt bleiben.

Diese Vorgehensweise sollte aber nicht dahingehend interpretiert werden, dass Flächen außerhalb des 5 m Bereichs im Gebäude gar nicht erfasst werden müssten.

Unterschiedliche mittlere Wärmedurchgangskoeffizienten

Für Zonen mit unterschiedlichen Raum-Solltemperaturen ergeben sich unterschiedliche Anforderungsniveaus nach Anlage 2 Tabelle 2.

Beispiel

Sofern in einem Nichtwohngebäude Zonen mit den Nutzungsprofilen NP 16; NP 22.1; NP 35 oder NP 41 vorhanden sind, wird für *jede in den Nutzungsprofilen angegebene Raum-Solltemperatur* ein *eigener mittlerer Wärmedurchgangskoeffizient U_m* ($\bar{U}$) *der wärmeübertragenden Umfassungsfläche für die entsprechende Zone berechnet* und mit dem Anforderungsniveau der Tabelle 2 verglichen.

NP 16	Raum-Solltemperatur im Heizfall	21 °C
NP 22.1	Raum-Solltemperatur im Heizfall	17 °C
NP 35	Raum-Solltemperatur im Heizfall	20 °C
NP 41	Raum-Solltemperatur im Heizfall	12 °C

Berechnung mit Temperatur-Korrekturfaktoren von Bauteilen (Fx)

Die Abbildung der Bodenplatte als ungedämmtes Bauteil führt im Normalfall zur Nichteinhaltung der Anforderungen nach EnEV Anlage 2 Tabelle 2. Die Berechnung der Wärmeverluste über die Bodenplatte mittels des vereinfachten Ansatzes nach DIN V 18599-2:2007-02 Abschnitt 6.1.3 (Fx-Werte) und die Angabe »Randdämmung 5 m breit, waagerecht« verändert nicht den ursprünglichen *U*-Wert des Bauteils mit U = 3,89 W/(m^2 K).

Abb. 4: Dateneingabe zur Bestimmung von F_x [Quelle: Software IBP:18599 High End]

Mit der Eingabe der horizontalen Randdämmung wird u. a. in Abhängigkeit von B′, der Raumsoll-Temperatur (siehe Index e) sowie R_f ein F_x-Wert bestimmt, mit dem die Gegentemperatur ϑ_u im Erdreich nach DIN V 18599-2:2007-02 Gleichung (37) berechnet werden kann.

a) Unterer Gebäudeabschluss nach DIN EN ISO 13370:1998-12

Die Abbildung der Bodenplatte als komplett ungedämmtes Bauteil führt wie unter b) ausgeführt im Normalfall zur Nichteinhaltung der Anforderungen nach EnEV Anlage 2 Tabelle 2.
Die Berechnung des unteren Gebäudeabschlusses nach DIN EN ISO 13370 und die Angabe einer waagerechten Randdämmung verändert den ursprünglichen eingegebenen *U*-Wert des Bauteils mit U = 3,89 W/(m² K) ebenfalls nicht.

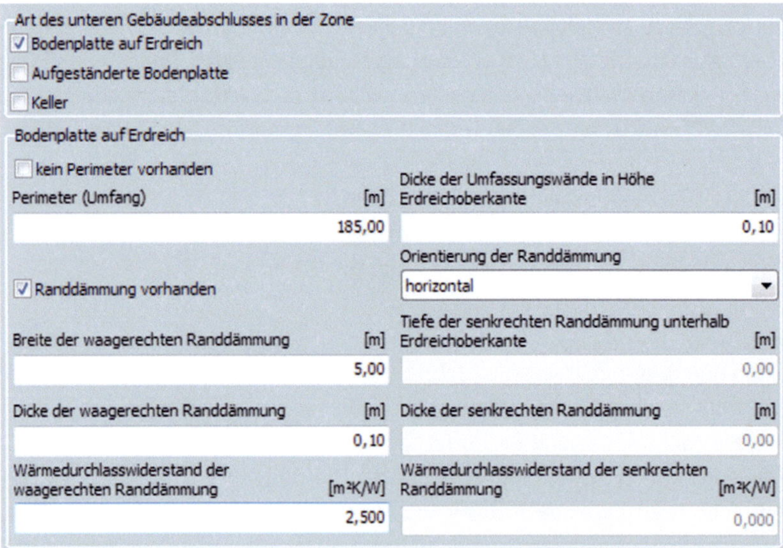

Abb. 5: Dateneingabe für eine Bodenplatte auf Erdreich [Quelle: Software IBP:18599 High End]

Bei der Berechnung zur Bestimmung der Wärmeverluste über die Bodenplatte wird ein U_0 ermittelt (siehe auch Abschnitt 8 der DIN EN ISO 13370:1998-12). Dieser Wert für U_0 dient zur Berechnung des stationären Leitwerts L_S.

b) Zwei Bauteile für die Bodenplatte

Die Abbildung der Bodenplatte in Form von 2 Bauteilen ergibt sich aus der Notwendigkeit zur Einhaltung der Anforderungen nach Anlage 2 Tabelle 2 der EnEV 2009, wonach die Wärmedurchgangskoeffizienten der wärmeübertragenden Umfassungsfläche eines zu errichtenden Nichtwohngebäudes die angegebenen Werte nicht überschreiten dürfen.
Demnach unterliegen für die betrachtete Halle alle Bodenplattenflächen außerhalb des 5 m-Bereichs nicht den Anforderungen nach EnEV 2009 Anlage 2 Tabelle 2, weil diese bei der Mittelwertberechnung unberücksichtigt bleiben.

Folgende Bauteilqualitäten sollen für die Bodenplatte betrachtet werden:

BT 1: Bodenplatte ungedämmt	$U = 3{,}89$ W/(m² K)
BT 2: Bodenplatte gedämmt	$U = 0{,}46$ W/(m² K)

Daraus ergeben sich folgende Flächenanteile:

Fläche der Bodenplatte gesamt	50,0 m · 42,5 m = 2 125,0 m²
Fläche der inneren Bodenplatte	32,5 m · 40,0 m = 1 300,0 m²
Fläche des 5 m-Streifens	2 125 m² – 1 300,0 m² = 825,0 m²

Flächenangaben

Nach der Eingabe der beiden Bauteile sollte weiter für jedes Bauteil definiert werden, welche Flächenanteile mehr als 5 m vom äußeren Rand des Gebäudes entfernt liegen. Beispielhaft soll dies für die beiden angelegten Bauteile aufgezeigt werden.

Gedämmte Bodenplatte

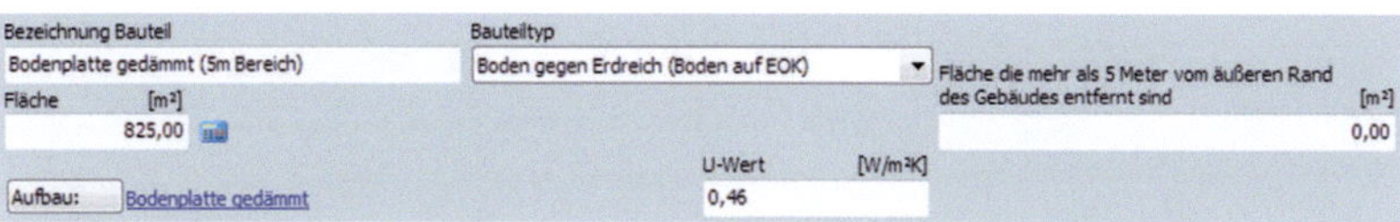

Abb. 6: Dateneingabe von Flächen mit kleiner, gleich 5 m Randabstand [Quelle: Software IBP:18599 High End]

Ungedämmte Bodenplatte

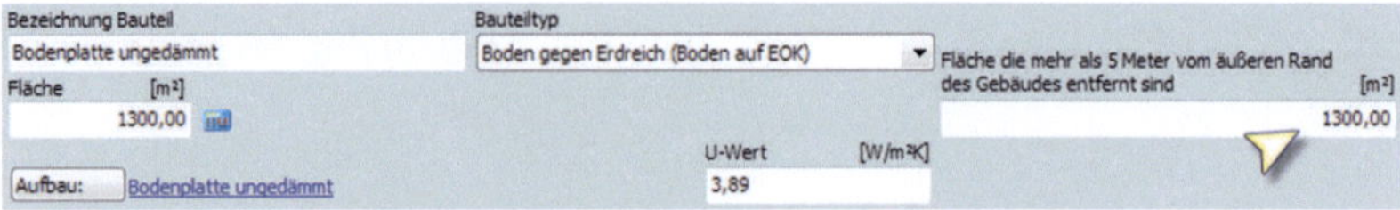

Abb. 7: Dateneingabe von Flächen mit mehr als 5 m Randabstand
[Quelle: Software IBP:18599 High End]

Hinweis: Mit der Flächenangabe »Fläche die mehr als 5 m vom äußeren Rand des Gebäudes entfernt ist« (1 300 m^2) wird die bei der Mittelwertberechnung nach EnEV Anlage 2 Abschnitt 2.3 zu berücksichtigende Bauteilfläche gegen das Erdreich beeinflusst. Die Eingabe der 1 300 m^2 (siehe gelber Pfeil) für die ungedämmte Bodenplatte führt dazu, dass diese bei der Mittelwertberechnung gänzlich unberücksichtigt bleibt.

Folgende Musterberechnungen zur Ermittlung von U_m sollen den Einfluss der erdberührten Bodenplattenflächen auf die Einhaltung der Anforderungswerte nach EnEV Anlage 2 Tabelle 2 aufzeigen.

Flächenannahmen zum Mustergebäude

Bodenplatte ungedämmt	1 300 m^2	$U = 3{,}89 W/(m^2 K)$
Bodenplatte gedämmt	825 m^2	$U = 0{,}46\ W/(m^2 K)$
Wandfläche (opak)	1 184 m^2	$U = 0{,}42\ W/(m^2 K)$
Dachfläche (opak)	2 100 m^2	$U = 0{,}33\ W/(m^2 K)$

Gesamte opake Hüllfläche ohne Außentüren

$$A_{Hüllfläche} = 2\,125\ m^2 + 1\,184\ m^2 + 2\,100\ m^2 = 5\,409\ m^2$$

Opake Hüllfläche ohne Außentüren und ohne die erdberührten Flächen außerhalb des 5 m-Bereichs vom Rand

$$A_{Hüllfläche} = 825\ m^2 + 1\,184\ m^2 + 2\,100\ m^2 = 4\,109\ m^2$$

Fall 1

Bodenplatte komplett ungedämmt, davon 0 m² außerhalb des 5 m-Bereichs

$$U\_m_1 = ((2\,125\ m^2 \cdot 3{,}89\ W/(m^2\,K) \cdot 0{,}50) + (1\,184\ m^2 \cdot 0{,}42\ W/(m^2\,K)) + (2\,100\ m^2 \cdot 0{,}33\ W/(m^2\,K))) : 5\,409\ m^2 =$$
$$U\_m_1 = 0{,}98\ W/(m^2\,K)$$

Fall 2

Bodenplatte komplett ungedämmt, davon 1 300 m² außerhalb des 5 m-Bereichs

$$U\_m_2 = ((825\ m^2 \cdot 3{,}89\ W/(m^2\,K) \cdot 0{,}50) + (1\,184\ m^2 \cdot 0{,}42\ W/(m^2\,K)) + (2\,100\ m^2 \cdot 0{,}33\ W/(m^2\,K))) : 4\,109\ m^2 =$$
$$U\_m_2 = 0{,}68\ W/(m^2\,K)$$

Fall 3

Bodenplatte zweigeteilt, im 5 m-Bereich gedämmt und 1 300 m² ungedämmt aber außerhalb des 5 m-Bereichs

$$U\_m_3 = ((825\ m^2 \cdot 0{,}46\ W/(m^2\,K) \cdot 0{,}50) + (1\,184\ m^2 \cdot 0{,}42\ W/(m^2\,K)) + (2\,100\ m^2 \cdot 0{,}33\ W/(m^2\,K))) : 4\,109\ m^2 =$$
$$U\_m_3 = 0{,}34\ W/(m^2\,K)$$

Anmerkung: Die Abbildung des unteren Gebäudeabschlusses ist generell sorgsam zu behandeln. Der Arbeitsaufwand zur Abbildung und Beschreibung der Bodenplatten steigt mit der Anzahl der Zonen insbesondere dann, wenn diese sowohl innerhalb als auch außerhalb des 5 m-Bereichs Flächen gegen Erdreich aufzuweisen haben. Die aufwendige Abbildung ist jedoch im Normalfall zur Einhaltung der EnEV-Anforderungen nach Anlage 2 Tabelle 2 erforderlich.

7. Versorgungsbereiche im Prozessbereich Heizung

Nach DIN V 18599-1:2007-02 Kapitel 5.1 wird vor der Bilanzierung ein Gebäude in Zonen unterteilt. Hierbei werden jene Bereiche eines Gebäudes zusammengefasst, die durch eine annährend gleiche Nutzung gekennzeichnet sind und keine bedeutenden Unterschiede hinsichtlich der Art der Konditionierung bzw. anderer Zonenteilungskriterien aufweisen. In diesen Zonen weisen dann alle in ihr enthaltenen Räume die gleiche Nutzung und die gleiche Art der Konditionierung auf.

Bestimmung der Nutzenergien je Zone

Die Bestimmung des Nutz-, End- und Primärenergiebedarfs (für Heizung, Kühlung, Be- und Entlüftung, Befeuchtung, Beleuchtung und Trinkwarmwasserversorgung) ist nach DIN V 18599-1:2007-02 Kapitel 5.2.2 für jede Zone eines Gebäudes getrennt vorzunehmen. Dabei ist ein Nutzenergiebedarf nur dann zu bilanzieren, wenn dieser in der Zone auch tatsächlich vorhanden ist.

Bestimmung der technischen Verluste, der End- und Primärenergien

Der ermittelte Nutzenergiebedarf einer Zone wird auf die in einer Zone vorhandenen Versorgungssysteme aufgeteilt. Für alle Versorgungssysteme werden dann die Verluste der Übergabe, der Verteilung und der Speicherung bestimmt und zu dem Nutzenergiebedarf hinzuaddiert. (DIN V 18599-1:2007-02 Kapitel 5.2.4)

Versorgungsbereiche

Ein Gebäude wird nach der durchgeführten Zonierung im Bedarfsfall in Versorgungsbereiche unterteilt. Nach DIN V 18599-1:2007-02 Kapitel 6.3 fasst ein Versorgungsbereich jeweils jene Teile eines Gebäudes zusammen, welche durch die gleiche Technik versorgt werden. Nach DIN V 18599-1:2007-02 Kapitel 8.2.4 ist für jeden Versorgungsbereich eines technischen Gewerkes die Geometrie in Form der charakteristischen Länge, der charakteristischen Breite, der Geschosshöhe und der Geschossanzahl zu bestimmen.

Beispiel

Folgendes Gebäude weist im Erdgeschoss zwei Bereiche auf, die sich durch eine unterschiedliche Technik bei der Wärmeübergabe sowie unterschiedliche Heizkreistemperaturen kennzeichnen und durch die gestrichelte Linie in Abb. 9 getrennt sind.

Im linken Teil erfolgt die Wärmeübergabe in Form von Warmwasser-Deckenstrahlplatten mit einer VL/RL Temperatur von 70/50 °C und im rechten Teil über Heizkörper mit einer VL/RL Temperatur von 55/45 °C. Die Nutzung innerhalb der beiden Versorgungsbereiche wird hierbei nicht betrachtet.

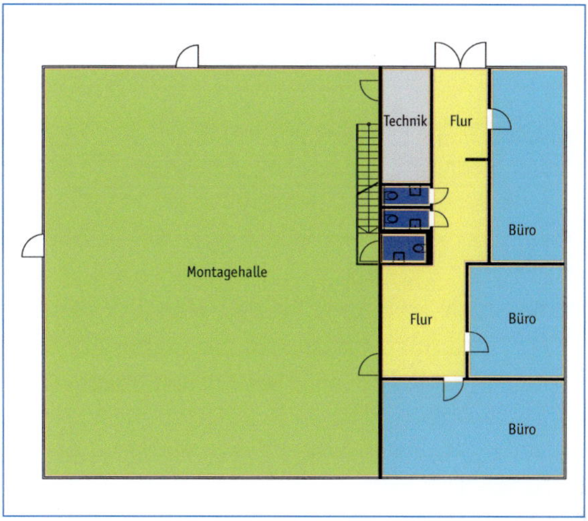

Abb. 8: Zonierungsübersicht, Planung: Architekt Markus Kornmüller [Quelle: Lutz Friederichs]

Die Bildung von Versorgungsbereichen erfolgt über das Anlegen von Verteilkreisen. Gemäß den Ausführungen nach DIN V 18599-1:2007-02 Kapitel 6.3 werden für die zwei im Erdgeschoss befindlichen Versorgungsbereiche bei der Dateneingabe in einer Software zwei Verteilkreise im Prozessbereich Heizung angelegt.

Hinweis: Ein durchschnittliches Warmwasserheizungs-Rohrnetz in einem Gebäude besteht aus drei Rohrabschnitten. Die Berechnung der Heizungsverteilung erfolgt nach DIN V 18599-5:2007-02 Tabelle 15.

L_V Verteilleitung als Leitungslänge zwischen Wärmeerzeuger und vertikaler Strangleitung

L_S Strangleitungen

L_A Anbindeleitungen als Verbindung zwischen den zirkulierenden Leitungsabschnitten und Heizkörpern.

Die vereinfachte Berechnung des Warmwasserheizungs-Rohrnetzes nach Tabelle 15 darf angewandt werden, wenn keine Rohrnetzplanung für das Gebäude vorliegt. Die Berechnungsformeln in Tabelle 15 beziehen sich auf die Geometriedaten des Gebäudes, so wie dies in DIN V 18599-5:2007-02 in Kapitel 4.1 in Tabelle 3 – Eingangsgrößen aufgeführt ist.

Die DIN V 18599 unterscheidet hinsichtlich der Rohrnetzberechnung zwei Fälle:

1. Besteht das Gebäude aus mehreren Zonen wird die Länge der Anbinde- und Strangleitung aus den geometrischen Abmessungen der jeweiligen Zone bestimmt. Die Berechnung der Verteilleitungen erfolgt jedoch mit den geometrischen Abmessungen des gesamten Gebäudes.

2. Alternativ zu 1. kann die Verteilung für das gesamte Gebäude gemeinsam berechnet werden. Die Zuordnung der Wärmeverluste der Rohrleitungen zu den Zonen erfolgt dann entsprechend ihrer Flächenanteile.

Da die alternative Variante (2.) in der überwiegenden Zahl der EnEV Softwareprodukte umgesetzt ist, betrachten wir daher das Alternativverfahren als Hauptberechnungsverfahren zur Rohrnetzberechnung.
Die Verwendung der Geometriedaten einzelner Versorgungsbereiche in einem Gebäude, die ja nach DIN V 18599-1 ausdrücklich gebildet werden dürfen, zur Berechnung der Heizungsverteilung nach DIN V 18599-5:2007-02 Tabelle 15 ist dagegen nicht beschrieben. Die Übernahme der Geometriedaten von Versorgungsbereichen zur Berechnung der Verteilung innerhalb eines Versorgungsbereiches ist somit offensichtlich nicht geregelt.
Eine strenge Auslegung der Norm führt dazu, dass im vereinfachten Ansatz der DIN V 18599-5:2007-02 Tabelle 15 ein Gebäude mit einer zentralen Heizungsanlage lediglich einen Versorgungsbereich und damit auch nur einen Verteilkreis aufzuweisen hat. Hierbei ist es dann unerheblich, welche unterschiedlichen Verteilkreistemperaturen im Gebäude vorhanden sind. Im Extremfall würde ein Gebäude mit Warmwasser-Deckenstrahlplatten und Fußbodenheizung nur mit einer Verteilkreistemperatur im Prozessbereich Heizung berechnet.
Die nachfolgend beschriebene Vorgehensweise kann daher nur einen ingenieurtechnischen Ansatz zur Abbildung von unterschiedlichen Versorgungsbereichen mit unterschiedlichen Heizkreistemperaturen darstellen.
Die Verwendung der Geometriedaten einzelner Versorgungsbereiche unter Anwendung der Berechnungsformeln in Tabelle 15 liefert eine erste grobe Abschätzung der Rohrleitungslängen. Die Daten der Rohrnetzplanung sind dann in die EDV-gestützte Berechnung zu übertragen.

Versorgungsbereich 1

Der Versorgungsbereich 1, der über den VK Heizung 1 abgebildet wird, soll jene Bereiche erfassen, die über Warmwasser-Deckenstrahlplatten mit Wärme versorgt werden. Die Vorlauf-/Rücklauftemperatur soll 70/50 °C betragen.

Die Geometriedaten ermitteln sich analog zu den Geometriedaten des Gebäudes nach DIN V 18599-5:2007-02 Anhang B.1, jedoch auf den konkreten Versorgungsbereich im Erdgeschoss bezogen.

char. Länge	18,16 m, hier ist zu beachten, dass die char. Länge immer das größte Maß eines geometrischen Körpers darstellt.
char. Breite	15,23 m, gemessen von Außenkante Wärmedämmung bis zur Wandmitte
Anzahl der Geschosse	1
Geschosshöhe	6,04 m, gemessen von Oberkante Rohboden bis Oberkante wärmetechnisch wirksamer Schicht als gemittelte Höhe

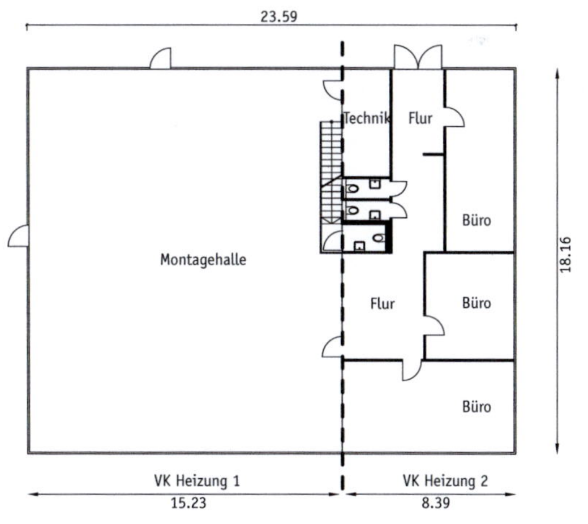

Abb. 9: Versorgungsbereiche im Prozessbereich Heizung, Planung: Architekt Markus Kornmüller [Quelle: Lutz Friederichs]

Versorgungsbereich 2

Der Versorgungsbereich 2, der über den VK Heizung 2 abgebildet wird, soll jene Bereiche im Erdgeschoss erfassen, die über freie Heizflächen in Form von Heizkörpern versorgt werden. Die Vorlauf-/Rücklauftemperatur soll 55/45 °C betragen.

Auch hier ermitteln sich die Geometriedaten analog zu den Geometriedaten des Gebäudes nach DIN V 18599-5:2007-02 Anhang B.1, jedoch auf den konkreten Versorgungsbereich im Erdgeschoss bezogen.

char. Länge	18,16 m, hier ist zu beachten, dass die char. Länge immer das größte Maß eines geometrischen Körpers darstellt.
char. Breite	8,39 m, gemessen von Außenkante Wärmedämmung bis zur Wandmitte
Anzahl der Geschosse	1
Geschosshöhe	2,97 m, gemessen von Oberkante Rohboden bis Oberkante wärmetechnisch wirksame Schicht als gemittelte Höhe

Auswirkungen

Die Ermittlung der Rohrabschnittslängen erfolgt für jeden der beiden Versorgungsbereiche anhand der jeweils eingegebenen Geometriedaten gemäß DIN V 18599-5:2007-02 Tabelle 15.

Für den *Versorgungsbereich 1* werden folgende Standard-Rohrabschnittslängen für die angelegten Rohrabschnitte bei innenliegenden Strängen einer Zweirohrheizung ermittelt:

$$\boldsymbol{L_V = 2 \cdot L_G + 0{,}0325 \cdot L_G \cdot B_G + 6}$$
$$= 2 \cdot 18{,}16 + 0{,}0325 \cdot 18{,}16 \cdot 15{,}23 + 6$$
$$= 51{,}31 \text{ m}$$

$$\boldsymbol{L_S = 0{,}025 \cdot L_G \cdot B_G \cdot h_G \cdot n_G}$$
$$= 0{,}025 \cdot 18{,}16 \cdot 15{,}23 \cdot 6{,}04 \cdot 1$$
$$= 41{,}76 \text{ m}$$

$$\boldsymbol{L_A = 0{,}55 \cdot L_G \cdot B_G \cdot n_G}$$
$$= 0{,}55 \cdot 18{,}16 \cdot 15{,}23 \cdot 1$$
$$= 152{,}12 \text{ m}$$

Für den *Versorgungsbereich 2* werden folgende Standard-Rohrabschnittslängen für die angelegten Rohrabschnitte bei innenliegenden Strängen einer Zweirohrheizung ermittelt:

$$\boldsymbol{L_V = 2 \cdot L_G + 0{,}0325 \cdot L_G \cdot B_G + 6}$$
$$= 2 \cdot 18{,}16 + 0{,}0325 \cdot 18{,}16 \cdot 8{,}39 + 6$$
$$= 47{,}27 \text{ m}$$

$$\boldsymbol{L_S = 0{,}025 \cdot L_G \cdot B_G \cdot h_G \cdot n_G}$$
$$= 0{,}025 \cdot 18{,}16 \cdot 8{,}39 \cdot 2{,}97 \cdot 1$$
$$= 11{,}31 \text{ m}$$

$$\boldsymbol{L_A = 0{,}55 \cdot L_G \cdot B_G \cdot n_G}$$
$$= 0{,}55 \cdot 18{,}16 \cdot 8{,}39 \cdot 1 = 83{,}80 \text{ m}$$

Hinweis: Sofern für die angelegten Versorgungsbereiche keine eigenständige Geometrie nach DIN V 18599-1:2007-02 Kapitel 8.2.4 ermittelt und eingegeben wird, werden für beide Versorgungsbereiche die Geometriedaten des Gesamtgebäudes herangezogen. Im Beispiel sind dies

char. Länge	23,59 m
char. Breite	18,16 m
Anzahl der Geschosse	1
Geschosshöhe	4,51 m als gemittelte Höhe

Die ermittelten Rohrabschnittslängen je Versorgungsbereich umfassen dann jeweils das komplette Gebäude, so dass die Leitungslängen je Versorgungsbereich deutlich zu hohe Werte aufweisen und somit *doppelt* im Gebäude vorhanden sind.

$$L_V = 2 \cdot L_G + 0{,}0325 \cdot L_G \cdot B_G + 6$$
$$= 2 \cdot 23{,}59 + 0{,}0325 \cdot 23{,}59 \cdot 18{,}16 + 6 = 67{,}10\ \text{m}$$
$$= 67{,}10\ \text{m} \cdot 2 = 134{,}20\ \text{m}$$

$$L_S = 0{,}025 \cdot L_G \cdot B_G \cdot h_G \cdot n_G$$
$$= 0{,}025 \cdot 23{,}59 \cdot 18{,}16 \cdot 4{,}51 \cdot 1 = 48{,}30\ \text{m}$$
$$= 48{,}30\ \text{m} \cdot 2 = 96{,}60\ \text{m}$$

$$L_A = 0{,}55 \cdot L_G \cdot B_G \cdot n_G$$
$$= 0{,}55 \cdot 23{,}59 \cdot 18{,}16 \cdot 1 = 235{,}62\ \text{m}$$
$$= 235{,}62\ \text{m} \cdot 2 = 471{,}24\ \text{m}$$

Gegenüberstellung

	Anzahl der Verteilkreise	Länge der Verteilleitung (m)	Länge der Strangleitung (m)	Länge der Anbindeleitung (m)	Gesamtlänge (m)
vereinfachtes Verfahren Geometriedaten des Gebäudes	1	67,10	48,30	235,62	351,02
detailliertes Verfahren ohne Anpassung der Geometriedaten	2	134,20	96,60	471,24	702,04
detailliertes Verfahren mit Anpassung der Geometriedaten	2	51,31 + 47,27 = 98,58	41,76 + 11,31 = 53,07	152,12 + 83,80 = 235,92	387,57

Tab. 4: Gegenüberstellung der Rohrabschnittslängen in der Heizungsverteilung [Quelle: Lutz Friederichs]

Anmerkung: Die Abbildung der Anlagentechnik erfolgt bei strenger Auslegung der Norm im Prozessbereich Heizung nach dem vereinfachten Ansatz gemäß DIN V 18599-5:2007-02 mit der Geometrie des Gebäudes, mit nur einem Verteilkreis und nur einer Vorlauf-/Rücklauftemperatur. Die Anwendung des vereinfachten Ansatzes ist für den Fall ohne Rohrnetzplanung vorgesehen.

Wird bei der Abbildung der Anlagentechnik von diesem vereinfachten Ansatz abgewichen, sind folgerichtig Planungsdaten aus der Rohrnetzberechnung anzuwenden.

Betrachtet man den zeitlichen Ablauf der öffentlich-rechtlichen Nachweisführung, so liegen zum Zeitpunkt der ersten Nachweisführung auf Basis der »Bauantragsunterlagen« keine tiefergehenden Planungsdaten aus der Haustechnik vor. Es bietet sich an, zu diesem frühen Zeitpunkt den vereinfachten Ansatz zur Rohrnetzberechnung nach Tabelle 15 anzuwenden.

Wird jedoch bereits bei der ersten energetischen Bewertung eines Gebäudes mit dem Planungsstand »Bauantragsunterlagen« die geplante Anlagentechnik sehr detailliert abgebildet, ist darauf zu achten, dass die errechneten Rohrleitungslängen lediglich eine grobe Schätzung darstellen und im weiteren Planungsprozess durch Planungsdaten zu ersetzen sind.

Die energetische Schlussbewertung eines Gebäudes hat nach EnEV 2009 § 16 Absatz 1 nur auf Basis des fertiggestellten Gebäudes zu erfolgen. Zu diesem Zeitpunkt liegt dann üblicherweise auch eine Rohrnetzberechnung vor, so dass deren Daten in die finale energetische Berechnung nach DIN V 18599 einfließen können.

Je nach verwendeter Software ist darauf zu achten, dass bei der Abbildung von mehr als einem Versorgungsbereich im Prozessbereich Heizung die Geometriedaten des Versorgungsbereiches anzupassen sind, um eine Fehlberechnung des Rohrnetzes zu vermeiden.

DIN V 18599 – Allgemein

8. Versorgungsbereiche im Prozessbereich Trinkwarmwasser

Die Wärmeverluste des Rohrnetzes einer gebäudezentralen Trinkwarmwasserversorgung errechnen sich nach DIN V 18599-8:2007-02 Gleichung (11) in Abhängigkeit des längenspezifischen Wärmedurchgangskoeffizienten U_i, der Länge des Rohrabschnitts L_i; der mittleren Temperatur des Rohrabschnitts $\vartheta_{w,m}$; der mittleren Umgebungstemperatur ϑ_i; der monatlichen Nutzungsdauer in Tagen $d_{Nutz,mth}$ und der täglichen Nutzungsdauer für Trinkwarmwasser in Stunden $t_{Nutz,T}$

$$Q_{w,d,i} = \frac{1}{1000} \cdot U_i \cdot L_i \cdot (\vartheta_{w,m} - \vartheta_i) \cdot d_{Nutz,mth} \cdot t_{Nutz,T}$$

[Quelle: DIN V 18599-8:2007-02]

Besteht ein Rohrnetz aus mehreren unterschiedlichen Rohrabschnitten, werden die Wärmeverluste der Einzelrohrabschnitte aufsummiert und nach Gleichung (12) berechnet

$$Q_{w,d} = \sum Q_{w,d,i}$$

[Quelle: DIN V 18599-8:2007-02]

Hinweis: Ein durchschnittliches Trinkwarmwasser-Rohrnetz in einem Gebäude besteht aus drei Rohrabschnitten. Die Berechnung der Rohrverteilung erfolgt nach DIN V 18599-8:2007-02 Tabelle 6.

L_V Verteilleitungen als horizontale Verteilung zwischen Wärmeerzeuger und vertikaler Strangleitung

L_S Strangleitungen bis zu den Stichleitungen

L_{SL} Stichleitungen bis zur Entnahmestelle.

Kennwerte	Einheit	Bereich V	Bereich S	Bereich SL
		(Verteilung)	(Strang)	(Stichleitung)
Leitungslänge mit Zirkulation	m	$2\,L_G + 0{,}0125\,L_G\,B_G$	$0{,}075\,L_G\,B_G\,n_G\,h_G$	–
Leitungslänge ohne Zirkulation	m	$L_G + 0{,}0625\,L_G\,B_G$	$0{,}038\,L_G\,B_G\,n_G\,h_G$	–
Stichleitungslänge Standardfall	m	–	–	$0{,}05\,L_G\,B_G\,n_G$
Stichleitungslänge in angrenzenden Räumen mit gemeinsamer Installationswand	m	–	–	$0{,}075\,L_G\,B_G\,n_G$

Tab. 5: Allgemeine Randbedingungen in der DIN V 18599-8:2007-02 [Quelle: in Anlehnung an DIN V 18599-8:2007-02 Tabelle 6].

Die vereinfachte Berechnung des Trinkwarmwasser-Rohrnetzes nach Tabelle 6 darf angewandt werden, wenn keine Rohrnetzplanung für das Gebäude vorliegt. Sie ist in der Logik der Berechnung identisch zum Heizungsbereich nach DIN V 18599-5:2007-02 Tabelle 15.

Die Berechnungsformeln in Tabelle 6 beziehen sich auf die Geometriedaten des Gebäudes. Hierbei wird davon ausgegangen, dass die Warmwasserabgabe gleichmäßig im Gebäude verteilt ist. Die Verwendung der Geometriedaten von Versorgungsbereichen innerhalb eines Gebäudes ist, wie auch im Prozessbereich Heizung, nicht beschrieben. Die Übernahme der Geometriedaten von Versorgungsbereichen zur Berechnung der Verteilung innerhalb eines Versorgungsbereiches nach Tabelle 6 ist offensichtlich nicht geregelt.
Eine strenge Auslegung der Norm führt dazu, dass im vereinfachten Ansatz der DIN V 18599-8:2007-02 Tabelle 6 ein Gebäude mit einer zentralen Wasserversorgung einen Versorgungsbereich voraussetzt, der das Gesamtgebäude beschreibt. Für dieses Beispiel sind das alle Geschosse des betrachteten Wohngebäudes.

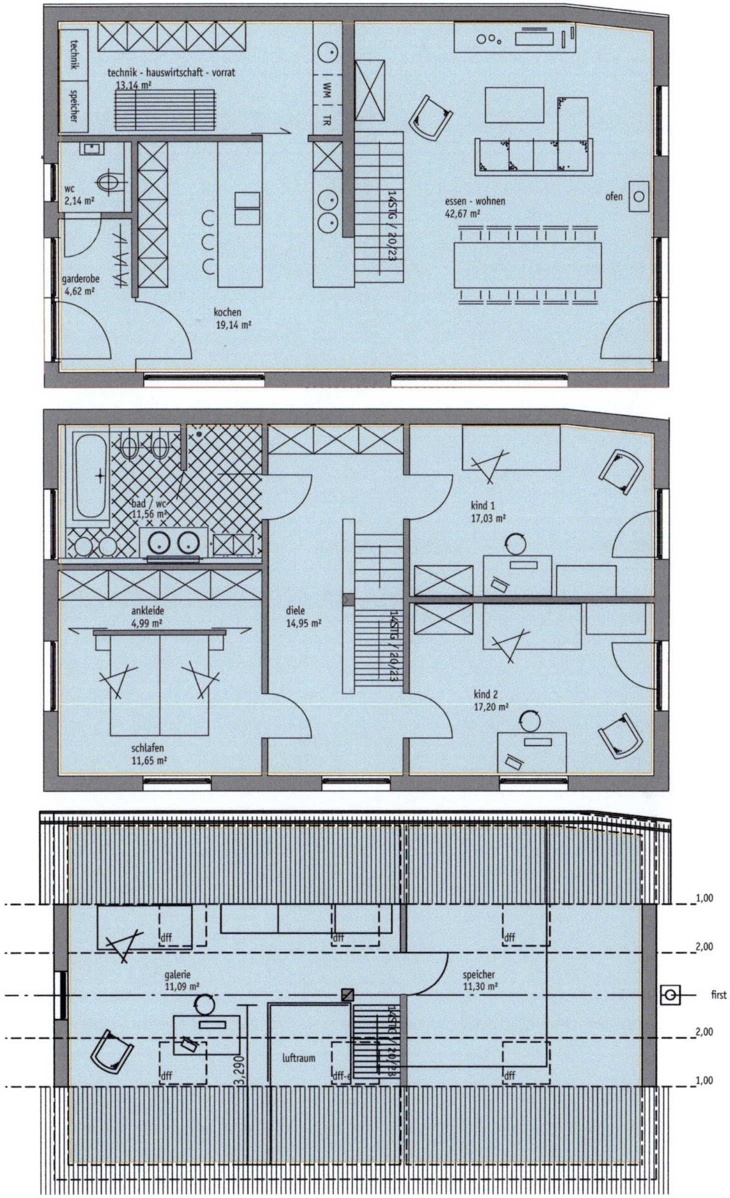

Abb. 10: Beheizte Bereiche im EG, OG und Galerie, Planung: Architekt Andreas Fritz [Quelle: Lutz Friederichs]

Wir betrachten nun bei diesem Wohngebäude den mit Trinkwarmwasser versorgten Bereich im Erd- und Obergeschoss.

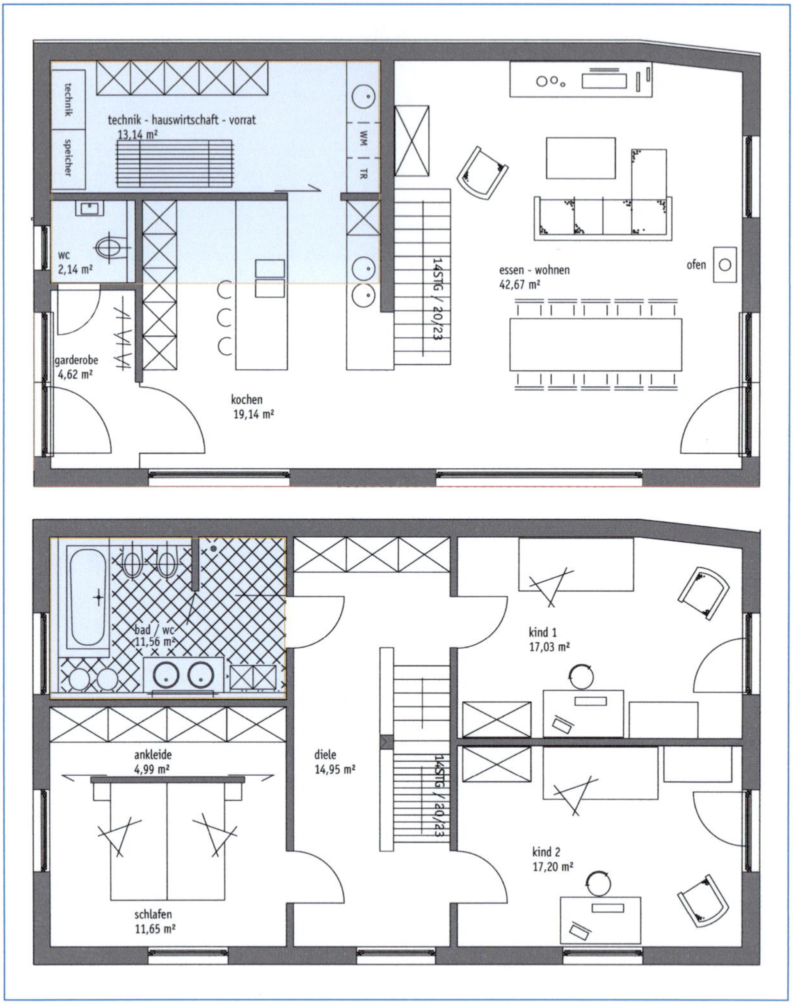

Abb. 11: Mit Trinkwarmwasser versorgter Bereich im Erd- und Obergeschoss, Planung: Architekt Andreas Fritz [Quelle: Lutz Friederichs]

Anmerkung: Die Abbildung der Anlagentechnik erfolgt bei strenger Auslegung der Norm im Prozessbereich Trinkwarmwasser nach dem vereinfachten Ansatz gemäß DIN V 18599-8:2007-02 für eine zentrale Warmwasserversorgung mit der Geometrie des Gebäudes. Die Anwendung des vereinfachten Ansatzes ist, wie auch im Teil 5 der Norm, nur für den Fall, dass keine Rohrnetzplanung vorliegt, vorgesehen.
Wird bei der Abbildung der Anlagentechnik von diesem vereinfachten Ansatz abgewichen, sind folgerichtig und konsequent Planungsdaten aus der Rohrnetzberechnung anzuwenden. Das bedeutet, die Eingrenzung des mit Trinkwarmwasser versorgten Bereichs analog zu der o.ä. Abbildung, setzt eine planerische Mitwirkung und Angabe zu den Leitungslängen voraus.
Betrachtet man den zeitlichen Ablauf der öffentlich-rechtlichen Nachweisführung, so liegen zum Zeitpunkt der ersten Nachweisführung auf Basis der »Bauantragsunterlagen« keine Planungsdaten der Haustechnik vor. Es bietet sich an, zu diesem frühen Zeitpunkt den vereinfachten Ansatz zur Rohrnetzberechnung nach Tabelle 6 anzuwenden.
Die energetische Schlussbewertung eines Gebäudes ist nach EnEV 2009 § 16 Absatz 1 auf Basis des fertiggestellten Gebäudes zu erstellen. Liegt zu diesem Zeitpunkt eine Rohrnetzberechnung vor, können deren Daten in die finale energetische Berechnung nach DIN V 18599 einfließen.

9. Anzahl der Spitzenzapfungen am Tag

Bei der Ermittlung des Nutzenergiebedarfs für Trinkwarmwasser werden die in DIN V 18599-10:2007-02 Tabelle 6 angegebenen Richtwerte des Nutzenergiebedarfs Trinkwasser für Nichtwohngebäude verwendet. Hierbei wird in der letzten Spalte ein Wert für die Anzahl der Spitzenzapfungen am Tag n_{sp} angegeben.

Nutzung	Nutzenergiebedarf Trinkwarmwasser $q_{w,h,d}$		Bezug	Spitzenzapfungen am Tag
	nutzungsbezogen	flächenbezogen		
Bürogebäude	0,4 kWh je Person und Tag	30 Wh/ (m^2 d)	Bürofläche	1
Schule mit Duschen	1,5 kWh je Person und Tag	500 Wh/ (m^2 d)	Klassenräume	1
Einzelhandel/ Kaufhaus	1,0 kWh je Beschäftigte und Tag	10 Wh/ (m^2 d)	Verkaufsfläche	1
Industriebetrieb (Waschen & Duschen)	1,5 kWh je Beschäftigte und Tag	75 Wh/ (m^2 d)	Werkstatt-/ Betriebsfläche	2

Tab. 6: Richtwerte Nutzenergiebedarf Trinkwarmwasser in Nichtwohngebäuden [Quelle: in Anlehnung an DIN V 18599-10:2007-02 Tabelle 6]

Die nachfolgenden Ausführungen sollen die Verwendung des Kennwertes im Rahmen der DIN V 18599-8:2007-02 aufzeigen. Nach DIN V 18599-8:2007-02 Kapitel 6.3.1.1 werden die Speicherverluste eines indirekt beheizten Trinkwarmwasserspeichers nach Gleichung (23) berechnet.

$$Q_{w,s} = f_{verbindung} \cdot \frac{(50 - \vartheta_i)}{45} \cdot d_{Nutz,mth} \cdot q_{B,S} \qquad \text{Gleichung (23)}$$

Dabei ist

$Q_{w,s}$ der Bereitschafts-Wärmeverlust des Trinkwarmwasserspeichers (im Monat), in kWh;

ϑ_i Die Umgebungstemperatur (siehe 4.1 bzw. Tabelle 6), in °C

$d_{Nutz,mth}$ die Nutzungsdauer für Trinkwarmwasser (im Monat) (siehe 4.1), in d;

$q_{B,S}$ der tägliche Bereitschafts-Wärmeverlust, in kWh;

$f_{verbindung}$ solange der Speicher mit dem Wärmeerzeuger im gleichen Raum steht, ist der Verlust der Verbindung mit $f_{verbindung}$ = 1,2 anzunehmen. Bei anderem Aufbau sind die Leitungsverluse entsprechend 6.2 zu berechnen.

[Quelle: DIN V 18599-8:2007-02]

Wir betrachten hierbei den Bereitschafts-Wärmeverlust $q_{B,S}$ des Speichers, welcher sich in Abhängigkeit des vorhandenen Volumens und des Baujahres berechnet.
Liegen keine Angaben über das Speichervolumen V_S vor, kann über Gleichung (29) mit den Randbedingungen nach DIN V 18599-8:2007-02 ein theoretisches Speichervolumen errechnet werden.

$$V_S = \frac{Q_{w,b,d} \cdot f_N \cdot 860}{(\vartheta_{w,m} - \vartheta_k) \cdot \eta_S}$$ Gleichung (29)

Dabei ist

V_S das Speichervolumen in l;

$Q_{w,b,d}$ der tägliche Trinkwarmwasserbedarf (siehe 4.1), in kWh;

$\vartheta_{w,m}$ der mittlere Speichertemperatur (siehe Tabelle 5), in °C;

ϑ_k die Kaltwassertemperatur (siehe Tabelle 5), in °C;

η_S der Speichernutzungsgrad (stehende Speicher = 0,95, liegende Speicher = 0,9);

f_N der Nutzungsfaktor.

[Quelle: DIN V 18599-8:2007-02]

Wir betrachten innerhalb der Gleichung (29) den Nutzungsfaktor f_N. Der Nutzungsfaktor f_N wird jeweils für Wohn- sowie für Nichtwohngebäude getrennt berechnet.

Wohngebäude nach Gleichung (30)

$$f_N = 1{,}85 \cdot N_{Wohnung}^{-0{,}42}$$

Dabei ist

$N_{Wohnung}$ die Anzahl der Wohneinheiten innerhalb eines Gebäudes;
mit $N_{Wohnung} = 0{,}0032 \cdot L_G \cdot B_G \cdot n_G \cdot h_G$.

[Quelle: DIN V 18599-8:2007-02]

Nichtwohngebäude nach Gleichung (31)

$$f_N = \frac{1}{t_{Nutz,T} \cdot n_{Sp}}$$

Dabei ist

n_{Sp} die Anzahl der Spitzenzapfungen am Tag (siehe 4.1);
$f_{Nutz,T}$ die tägliche Nutzungsdauer (siehe 4.1), in h.

[Quelle: DIN V 18599-8:2007-02]

Bei Nichtwohngebäuden wird der Nutzungsfaktor f_N in Abhängigkeit von der täglichen Nutzungsdauer sowie der Anzahl der täglichen Spitzenzapfungen errechnet. Der Wert für die tägliche Nutzungsdauer in Stunden entstammt hierbei der Tabelle 3 für Wohngebäude und der Tabelle 4 für Nichtwohngebäude der DIN V 18599-10:2007-02.

Anmerkung: Die Festlegung der Anzahl der Spitzenzapfungen n_{Sp} aus DIN V 18599-10:2007-02 Tabelle 6 beeinflusst somit über den Nutzungsfaktor f_N die Größe eines Trinkwarmwasserspeichers und damit die Speicherverluste $q_{B,S}$. Da es sich bei dem Wert um einen Richtwert aus der DIN V 18599-10:2007-02 handelt, kann dieser je nach verwendeter Software gar nicht verändert werden.

10. Warum gibt es Unterschiede zwischen DIN V 18599 Berechnungsergebnissen und den in der EnEV auszuweisenden Werten?

Nach § 4 Abs. 1 der EnEV sind Nichtwohngebäude so auszuführen, dass der Jahres-Primärenergiebedarf für Heizung, Warmwasserbereitung, Lüftung, Kühlung und eingebaute Beleuchtung den Wert des Jahres-Primärenergiebedarfs eines Referenzgebäudes gleicher Geometrie, Nettogrundfläche, Ausrichtung und Nutzung einschließlich der Anordnung der Nutzungseinheiten mit der in Anlage 2 Tabelle 1 angegebenen technischen Referenzausführung nicht überschreitet.

Referenzgebäude

In der Anlage 2 Tabelle 1 ist die Ausführung des Referenzgebäudes beschrieben. Je nach Konditionierung des realen Gebäudes wird die entsprechende Referenz aus der Tabelle 1 aktiviert und dient zur Ermittlung des Energieaufwandes für das Referenzgebäude.

EnEV

Es kann der Fall eintreten, dass die errechneten Ergebnisse nach DIN V 18599, also der Wert für Q_p'' nach DIN V 18599 von dem Wert für Q_p'' nach EnEV im Bandtacho abweichen. Als Beispiel kann hierfür der Kühlenergiebedarf für das Referenzgebäude nach EnEV Anlage 2 Tabelle 1 Zeile 7 angeführt werden: *»Der Primärenergiebedarf für das Kühlsystem und die Kühlfunktion der raumlufttechnischen Anlage darf für Zonen der Nutzungen 1 bis 3, 8, 10, 16 bis 20 und 31 nur zu 50 % angerechnet werden.«*

DIN V 18599

Um die Einschränkungen hinsichtlich der Anrechenbarkeit von Kühlenergie im Referenzgebäude im Sinne der EnEV berücksichtigen zu können, wird zunächst für jede gekühlte Zone, ohne Berücksichtigung der EnEV Einschränkung zum Nutzungsprofil, der Kühlenergiebedarf bilanziert. Die Bilanzierung erfolgt daher ohne Einschränkungen und rechnerische Abzüge nach EnEV 2009, Anlage 2 Tabelle 1 und den beschriebenen Randbedingungen nach Anlage 2 Nr. 2.1.2.

Von dem nach DIN V 18599 bilanzierten Kühlenergiebedarf des Referenzgebäudes werden für die EnEV-Betrachtung jedoch lediglich 50 % der Kühl-Energieanteile im Rahmen des öffentlich-rechtlichen Nachweisverfahrens übernommen.

Anmerkung: Abweichende Bilanzierungsergebnisse zwischen dem Referenzgebäude und dem EnEV-Anforderungswert im Bandtacho sind bei genauerer Betrachtung über die EnEV-Randbedingungen in der Anlage 2 erklärbar. Wichtig ist hierbei das Verständnis für die Bilanzierungsmethodik des Referenzgebäudes bei der Bildung des EnEV-Anforderungswertes.

DIN V 18599 – Beleuchtung

11. Welche Bedeutung haben Abluftleuchten und der Raumbelastungsgrad?

Bei der Betrachtung von Wärmequellen-/Wärmesenken zur Bestimmung der Nutzenergiebedarfe für die Beheizung und Kühlung einer Zone nach DIN V 18599-2:2007-02, werden interne Wärmequellen infolge

- Aufenthalt von Personen oder Tieren
- künstlicher Beleuchtung
- Geräte und Maschinen
- Stofftransport
- Wärmeinträge durch Heiz- und Kühlsysteme.

berücksichtigt. Nach DIN V 18599-2:2007-02 Abschnitt 6.5.5 wird bei der Ermittlung der Wärmeeinträge durch künstliche Beleuchtung $Q_{\mathrm{I,source,L}}$ der nach DIN V 18599-4:2007-02 errechnete elektrische Energiebedarf angesetzt. Der Energiebedarf $Q_{\mathrm{i,L,elektr}}$ der künstlichen Beleuchtung wird somit voll als Wärmequelle wirksam.

Bei der Abbildung der Beleuchtungstechnik innerhalb einer Zone, kann definiert werden, ob Abluftleuchten vorhanden sind. Hierbei bezeichnet der Begriff Abluftleuchten jene Leuchten, bei denen die entstehende Abwärme über einen Deckenhohlraum oder über einen direkten Anschluss der Leuchten an eine Abluftleitung abgeführt wird.

Als Faktor für die Reduzierung der Wärmeinträge gilt der Raumbelastungsgrad μ_{L} mit dem nach Gleichung (123) der elektrische Energiebedarf für die künstliche Beleuchtung multipliziert wird.

$$Q_{\mathrm{i,L}} = \mu_{\mathrm{L}} Q_{\mathrm{i,L,elektr}} \qquad \text{Gleichung (123)}$$

In DIN V 18599-2:2007-02 Tabelle 7 sind Standardwerte für Raumbelastungsgrade bei Abluftleuchten in Abhängigkeit des Luftdurchsatzes je Leuchtenanschlussleistung in $m^3/(h\ W)$ und der Art der Luftabsaugung aufgeführt.

Leuchtstofflampen in Deckensystemen				
Luftdurchsatz in $m^3/(h\ W)$ in Abhängigkeit der Leuchtenanschlussleistung	0,20	0,30	0,50	1,00
μ_L bei Absaugung über den Deckenhohlraum	0,80	0,70	0,55	0,45
μ_L bei Absaugung über nicht gedämmte Luftleitungen	0,45	0,40	0,35	0,30
μ_L bei Absaugung über gedämmte Luftleitugen	0,40	0,35	0,30	0,25

Tab. 7: Raumbelastungsgrade bei Abluftleuchten [Quelle: in Anlehnung an DIN V 18599-2:2007-02 Tabelle 7]

Üblicherweise werden durch den HLSE-Fachplaner die objektbezogenen Kennwerte für den Raumbelastungsgrad ermittelt. Je nach verwendeter Software sind die Tabellenwerte aus Tabelle 7 in der Oberfläche hinterlegt oder können individuell eingegeben werden. Sind keine Abluftleuchten vorhanden gilt: $\mu_L = 1$.

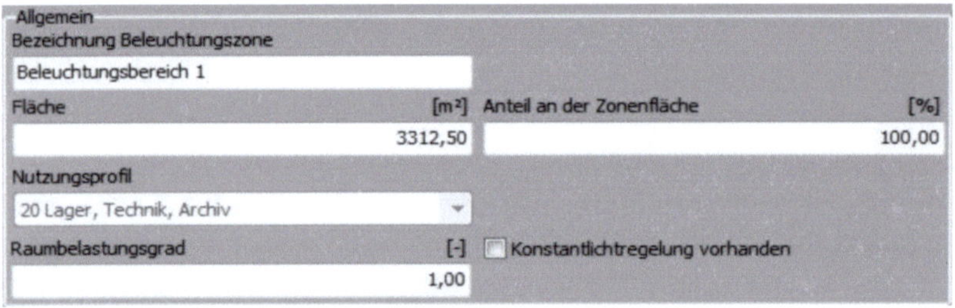

Abb. 12: Dateneingabe Raumbelastungsgrad von Abluftleuchten [Quelle: Software IBP:18599 High End]

Anmerkung: Die energetischen Auswirkungen bei der Bilanzierung auf Zonenebene sind deutlich sichtbar. Infolge des direkt verminderten Wärmeeintrags durch Kunstlicht erhöht sich der Heizwärmebedarf einer Zone. Sofern die Zone auch gekühlt wird, reduziert sich durch die Abluftleuchten der Nutzenergiebedarf für Kühlung zum Teil erheblich.

Eine Möglichkeit zur energetischen Verknüpfung von Abluftleuchten mit einem einfachen Lüftungssystem oder einer raumlufttechnischen Anlage mit WRG ist in der aktuellen Ausgabe der DIN V 18599 nicht vorgesehen. Daher kann eine separate Betrachtung zur Wärmerückgewinnung bei Abluftleuchten nicht vorgenommen werden.

12. Welche Bedeutung hat der Wartungsfaktor *WF* bei der Ermittlung der elektrischen Bewertungsleistung nach DIN V 18599-4 und nach EnEV?

Der Wartungsfaktor *WF* dient nach DIN V 18599-4:2007-02 der Berücksichtigung des Alterungsprozesses bis zur nächsten Anlagenwartung nach DIN EN 12464-1:2003 und ist abhängig von der Art der eingesetzten Lampen und Leuchten, von Staub- und Schmutzbelastung des Raumes bzw. der Umgebung sowie von Wartungsmethode und Wartungsintervall.
Nach DIN V 18599-4:2007-02 Kapitel 5.4.2 Gleichung (12) wird der Wartungsfaktor *WF* berücksichtigt, wenn die Berechnung der elektrischen Bewertungsleistung nach dem »vereinfachten Wirkungsgradverfahren« vorgenommen wird. Der Wartungsfaktor beeinflusst hierbei wesentlich die Höhe der elektrischen Bewertungsleistung und damit die Höhe des Energieaufwands für die Beleuchtung.

$$p_j = \frac{k_A \cdot \overline{E}_m}{WF \cdot \eta_S \cdot \eta_{LB} \cdot \eta_R} \qquad (12)$$

Dabei ist

p_j die auf die Raumgrundfläche bezogene elektrische Bewertungsleistung für die Kunstlichtbeleuchtung eines Berechnungsbereiches;

k_A der Minderungsfaktor zur Berücksichigung des Bereichs der Sehaufgabe;

WF der Wartungsfaktor, der nach DIN EN 12464-1 Alterungsprozesse bis zur nächsten Anlagenwartung berücksichtigt;

η_S die Systemlichtausbeute des eingesetzten Leuchtmittels mit Betriebsgerät;

η_{LB} der Betriebswirkungsgrad der eingesetzten Leuchte;

η_R der Raumwirkungsgrad nach Tabelle 4.

[Quelle: DIN V 18599-4:2007-02]

In DIN V 18599-4:2007-02 Kapitel 5.4.2 wird ausgeführt, dass

- für *WF* = 0,67 angesetzt werden darf, wenn kein Wert für *WF* nachgewiesen wurde
- der *WF* bis auf 0,80 erhöht werden darf, sofern Lampen mit geringer Lichtstromabnahme und Ausfallquote in häufig gereinigten und/oder wenig verschmutzten Leuchten betrieben werden
- im Fall hoher Staubbelastung von Raum und Leuchten, seltener Leuchtenreinigung und erhöhter Lichtstromabnahme und Ausfallquote der eingesetzten Lampen der Wartungsfaktor auf einem Wert von bis zu *WF* = 0,50 abzusenken ist.

Hinweis: Im Rahmen des öffentlich rechtlichen Nachweises ist zu beachten, dass für den Wartungsfaktor *WF* nach EnEV 2009 Anlage 2 Tabelle 3 Zeile 5 Werte für *WF* explizit vorgegeben werden. Für Nutzungen nach DIN V 18599-10:2007-02 Tabelle 4 gilt folgendes:

- für die Nutzungen 14, 15 und 22 — *WF* = 0,60
- ansonsten — *WF* = 0,80.

Erfolgt die Berechnung der elektrischen Bewertungsleistung nach dem »Tabellenverfahren« wird der Wartungsfaktor *WF* nach EnEV 2009 Anlage 2 Tabelle 3 Zeile 5 ebenfalls mit einem vorgegebenen Faktor berücksichtigt. Hierzu ist die nach DIN V 18599-4:2007-02 Gleichung (10) berechnete elektrische Bewertungsleistung p_j über einen Faktor anzupassen:

- für die Nutzungen 14, 15 und 22 — Faktor = 1,12
- ansonsten — Faktor = 0,84.

$$p_j = p_{j,\mathrm{lx}} \cdot \bar{E}_\mathrm{m} \cdot k_\mathrm{A} \cdot k_\mathrm{L} \cdot k_\mathrm{R} \qquad (10)$$

Dabei ist

$\bar{E}_\mathrm{m}$ der Wartungswert der Beleuchtungsstärke nach DIN V 18599-10;

k_A der Minderungsfaktor zur Berücksichtigung des Bereichs der Sehaufgabe;

k_L der Anpassungsfaktor Lampe für nicht stabförmige Leuchtstofflampen nach Tabelle 2;

k_R der Anpassungsfaktor Raum nach Tabelle 3.

Eigene Planungswerte für *WF* dürfen somit nur bei einer Beratung außerhalb der öffentlich-rechtlichen Nachweisführung nach EnEV berücksichtigt werden.

13. Welche energetischen Auswirkungen hat eine Konstantlichtregelung nach EnEV?

Mit der EnEV 2009 wurde für das Referenzgebäude nach Anlage 2 Tabelle 1 eine »Konstantlichtregelung« in Abhängigkeit von den Gebäudezonen zugewiesenen Nutzungsrandbedingungen nach DIN V 18599-10:2007-02 Tabelle 4 vorgesehen.

Konstantlichtregelung
Während eine tageslichtabhängige Beleuchtungssteuerung das Vorhandensein von Tageslicht voraussetzt, kann eine Konstantlichtregelung auch in den Bereichen eines Gebäudes eingesetzt werden, die über keinen Anteil an transparenter Fassadenfläche und damit über keine tageslichtversorgte Fläche verfügen. Die Konstantlichtregelung regelt in diesem Fall unabhängig von externen Lichtverhältnissen die Beleuchtungsstärke auf den Wartungswert der Beleuchtungsstärke herunter und führt zu einem reduzierten Energieaufwand.
Gemäß EnEV 2009 Anlage 2 Tabelle 1 Zeile 2.2 weisen ausschließlich Zonen mit den Nutzungen 1 bis 3, 8 bis 10, 28, 29 und 31 im Referenzgebäude eine »Konstantlichtregelung« auf, die in der Tabelle 3 »Randbedingungen für die Berechnung des Jahres-Primärenergiebedarfs« weiter beschrieben wird.

Regelung der Beleuchtung	**Konstantlichtregelung**	
	– in Zonen mit Nutzungsprofil 1 bis 3, 8 bis 10, 28, 29 und 31	vorhanden
	– ansonsten	nicht vorhanden

Tab. 8: Berücksichtigung der Konstantlichtregelung in der EnEV 2009
[Quelle: in Anlehnung an EnEV 2009, Anlage 2 Tabelle 1]

Die Abbildung einer Konstantlichtregelung ist im Rahmen der DIN V 18599 Ausgabe 2007-02 nicht möglich. Daher wird in der EnEV 2009 unter Bezug auf den bilanzierten Energiebedarf nach DIN V 18599-4:2007-02 in Tabelle 3 die Vorgehensweise zur Berücksichtigung im öffentlich-rechtlichen Nachweisverfahren beschrieben.

<table>
<tr><td rowspan="3">Berücksichtigung von Konstantlichtregelung</td><td colspan="2">Bei Einsatz einer Konstantlichtregelung ist der Energiebedarf für einen Beleuchtungsbereich nach DIN V 18599:2007-02 mit folgenden Faktoren zu multiplizieren</td></tr>
<tr><td>– bei Anwendung der Nutzungsprofile 14, 15 und 22</td><td>Faktor = 0,8</td></tr>
<tr><td>– ansonsten</td><td>Faktor = 0,9</td></tr>
</table>

Tab. 9: Berücksichtigung der Konstantlichtregelung in der EnEV 2009
[Quelle: in Anlehnung an EnEV 2009, Anlage 2 Tabelle 3]

Die Berechnung des Energiebedarfs für Beleuchtungszwecke erstreckt sich nach DIN V 18599-4:2007-02 bei Nichtwohngebäuden über *n* Zonen, die sich wiederum in *j* Berechnungsbereiche (Beleuchtungsbereiche) untergliedern können.
Die Berechnung des Energiebedarfs für den Einsatz von Kunstlicht erfolgt nach DIN V 18599-4:2007-02 Gleichung (2):

$$Q_{l,b,n,j} = p_j \cdot \left[A_{TL,j} \cdot (t_{eff,Tag,TL,j} + t_{eff,Nacht,j}) + A_{KTL,j} \cdot (t_{eff,Tag,KTL,j} + t_{eff,Nacht,j}) \right]$$

[Quelle: DIN V 18599-4:2007-02]

Gemäß EnEV 2009 Anlage 2 Tabelle 3 Zeile 6 wird der zunächst ohne eine Konstantlichtregelung ermittelte Energiebedarf nach DIN V 18599-4:2007-02 Gleichung (2) im Rahmen des EnEV Nachweises in Abhängigkeit der Nutzung pauschal mit einem Reduktionsfaktor multipliziert. Dieser wird für die Nutzung 14, 15 und 22 mit 0,8 und für alle anderen Nutzungen mit 0,9 angesetzt. Dies entspricht einer Reduktion des Energiebedarfs für die Beleuchtung mit Kunstlicht um 20 % bzw. 10 %.

Tageslichtabhängiges Beleuchtungskontrollsystem

Nach DIN V 18599-4:2007-02 ist die Abbildung einer tageslichtabhängigen Beleuchtungskontrolle möglich. Diese setzt jedoch das Vorhandensein von transparenten Bauteilen in einer Zone / in einem Beleuchtungsbereich voraus.

Ein tageslichtabhängiges Beleuchtungskontrollsystem kann in Abhängigkeit des verwendeten Kontrollsystems ein konstantes Beleuchtungsniveau als Summe aus Tageslichtanteil und geregeltem künstlichen Licht sicherstellen. Hierzu messen Lichtsensoren die aktuelle Lichtmenge im Raum bzw. am Nachweisort und regeln (dimmen) den Einsatz von Kunstlicht auf einen konstanten Sollwert herunter.

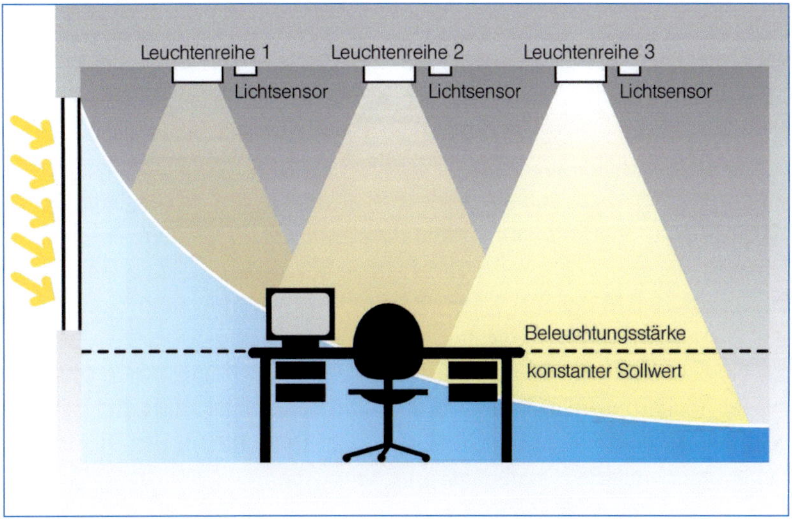

Abb. 13: Lichtsensoren messen die benötigte Lichtmenge und steuern die Leuchtenreihen individuell auf die geforderte Beleuchtungsstärke [Quelle: www.licht.de]

Anmerkung: Durch den Einsatz einer Konstantlichtregelung reduziert sich neben dem Endenergiebedarf für Kunstlicht auch der Primärenergiebedarf erheblich, da die primärenergetische Bewertung des Beleuchtungsstroms im Rahmen der EnEV 2009 mit einem Primärenergiefaktor f_p von 2,6 vorgenommen wird.
Sofern man sich die Detailergebnisse für andere Prozessbereiche wie Heizung und Kühlung betrachtet, wird erkennbar, dass auf die Reduktion des Energiebedarfs für die Beleuchtung ein Anstieg des Energiebedarfs für die Beheizung einer Zone/eines Gebäudes folgt. Dies ist darauf zurückzuführen, dass der Energieaufwand für die Beleuchtung 1:1 als interne Wärmequelle in die Zonenbilanz einfließt und damit Einfluss auf

den Heizwärmebedarf hat. Genau entgegengesetzt verhält es sich bei dem Energiebedarf für Kühlung. Reduziert sich der Energiebedarf für die Beleuchtung, reduziert sich auch der Energiebedarf für die Kühlung einer Zone.

14. Wie wird der Bereich der Sehaufgabe nach DIN V 18599-4:2007-02 berücksichtigt?

Die in DIN V 18599-10:2007-02 Tabelle 4 aufgeführten Nutzungsrandbedingungen für Nichtwohngebäude enthalten für den Prozessbereich Beleuchtung in Spalte 14 einen Minderungsfaktor k_A für den Bereich der Sehaufgabe.
In Abschnitt 6 b) der DIN V 18599-10:2007-02 wird hierzu erläutert, dass der Minderungsfaktor k_A für den Bereich der Sehaufgabe einen Kennwert für die Abminderung des Wartungswertes der Beleuchtungsstärke darstellt. Dieser Minderungsfaktor ist dem Umstand geschuldet, dass sich je nach Nutzung von Räumen unterschiedliche Flächenanteile für den Bereich der Sehaufgabe und die Umgebungsbereiche ergeben.

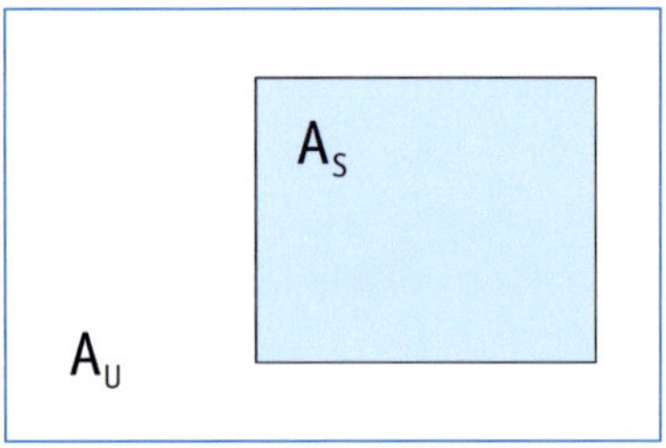

Abb. 14: Vereinfachte Darstellung des Bereichs der Sehaufgabe A_S und des Bereichs für die Umgebungsfläche A_U [Quelle: DIN V 18599-4:2007-02]

mit

A_S Bereich der Sehaufgabe

A_U Bereich der Umgebungsfläche

Beispiele

Nach DIN V 18599-10:2007-02 Tabelle 4 wird der Abminderungsfaktor k_A für die Nutzung 1-Einzelbüro und Nutzung 2-Gruppenbüro mit k_A = 0,84 festgesetzt. Dies bedeutet auf die gesamte Raumfläche bezogen eine

Reduzierung des Wartungswertes der Beleuchtungsstärke um 16 % von 500 lx auf 420 lx.

Bei Verkehrsflächen oder Lager/Technik/Archivflächen wird der Abminderungsfaktor k_A mit 1,0 angegeben. Hier findet keine Reduzierung des Wartungswertes der Beleuchtungsstärke statt.

Die Berechnung der spezifischen elektrischen Bewertungsleistung $p_{j,lx}$ nach DIN V 18599-4:2007-02 kann für Neubauten auf folgende Art und Weise erfolgen:

Tabellenverfahren nach DIN V 18599-4:2007-02

$$p_j = p_{j,lx} \cdot \bar{E}_m \cdot k_A \cdot k_L \cdot k_R \qquad \text{(Gleichung 10)}$$

Dabei ist

- $\bar{E}_m$ der Wartungswert der Beleuchtungsstärke nach DIN V 18599-10;
- k_A der Minderungsfaktor zur Berücksichtigung des Bereichs der Sehaufgabe;
- k_L der Anpassungsfaktor Lampe für nicht stabförmige Leuchtstofflampen nach Tabelle 2;
- k_R der Anpassungsfaktor Raum nach Tabelle 3.

[Quelle: DIN V 18599-4:2007-02]

Vereinfachtes Wirkungsgradverfahren nach DIN V 18599-4:2007-02

$$p_j = \frac{k_A \cdot \bar{E}_m}{WF \cdot \eta_S \cdot \eta_{LB} \cdot \eta_R} \qquad \text{(Gleichung 12)}$$

Dabei ist

- P_j die auf die Raumgrundfläche bezogene elektrische Bewertungsleistung für die Kunstlichtbeleuchtung eines Berechnungsbereiches;
- k_A der Minderungsfaktor zur Berücksichtigung des Bereichs der Sehaufgabe;
- WF der Wartungsfaktor, der nach DIN EN 12464-1 Alterungsprozesse bis zur nächsten Anlagenwartung berücksichtigt;
- η_S die Systemlichtausbeute des eingesetzten Leuchtmittels mit Betriebsgerät;
- η_{LB} der Betriebswirkungsgrad der eingesetzten Leuchte;
- η_R der Raumwirkungsgraf nach Tabelle 4.

[Quelle: DIN V 18599-4:2007-02]

Fachplanung

Die Berücksichtigung des Bereichs der Sehaufgabe wird von dem zuständigen Fachplaner vorgenommen und spiegelt sich in den berechneten Systemleistungen je Raum wieder.

Anmerkung: Durch die Berücksichtigung des Abminderungsfaktors k_A reduziert sich neben dem Wartungswert der Beleuchtungsstärke auch die spezifische elektrische Bewertungsleistung $p_{j,lx}$ und damit der Energieaufwand für die Beleuchtung mit Kunstlicht.

15. Die drei Beleuchtungsarten der DIN V 18599-4

Bei der Ermittlung des Energiebedarfs für die Beleuchtung mit Kunstlicht können nach DIN V 18599-4:2007-02 für Neubauten drei unterschiedliche Berechnungsverfahren zur Anwendung kommen:

- das Tabellenverfahren nach Kapitel 5.4.1
- das vereinfachte Wirkungsgradverfahren nach Kapitel 5.4.2
- die detaillierte Fachplanung nach Kapitel 5.4.3.

Die Ermittlung des Energiebedarfs bei Bestandsgebäuden erfolgt nach DIN V 18599-4:2007-02 Kapitel 5.4.4 auf Basis der tatsächlich installierten Systemleistung. Die berechneten Systemleistungen für einen Bereich ergeben sich als Summe der Lampenleistungen multipliziert mit den in DIN V 18599-4:2007-02 Tabelle 5 aufgeführten Faktoren k_{BG}.

Lampenart		**Faktor k_{BG}**
Leuchtstofflampen	mit EVG	1,1
	mit KVG	1,3
Natriumdampf-Hochdruck mit KVG*		1,1
Quecksilberdampf-Hochdruck mit KVG*		1,1
* Bei Hochdrucklampen mit EVG sind Systemleistungen beim Hersteller zu erfragen		

Tab. 10: Faktor k_{BG} zur Ermittlung der Systemleistung aus der Leistungsaufnahme der Lampe [Quelle: in Anlehnung an DIN V 18599-4:2007-02 Tabelle 5]

Die Berechnung der spezifischen elektrischen Bewertungsleistung erfolgt dann nach Gleichung (13)

$$p_{j,\text{Ist}} = \frac{P_{j,\text{Ist}}}{A_j}$$

Dabei ist

$p_{j,\text{Ist}}$ die spezifische installierte Leistung für Beleuchtung im Berechnungsbereich j;

$P_{j,\text{Ist}}$ die Summe der Systemleistung aller Leuchten im Berechnungsbereich j;

A_j die Fläche des Berechnungsbereichs j.

Die Berechnung des Energiebedarfs für einen Beleuchtungsbereich erfolgt nach DIN V 18599-4:2007-02 Gleichung (2)

$$Q_{\text{l,b,n},j} = p_j \cdot \left[A_{\text{TL},j} \cdot (t_{\text{eff,Tag,TL},j} + t_{\text{eff,Nacht},j}) + A_{\text{KTL},j} \cdot (t_{\text{eff,Tag,KTL},j} + t_{\text{eff,Nacht},j}) \right]$$

[Quelle: DIN V 18599-4:2007-02]

unter anderem in Abhängigkeit von der spezifischen elektrischen Bewertungsleistung p_j. Die Berechnung der spezifischen elektrischen Bewertungsleistung in W/m^2 erfolgt hierbei für Neubauten in Abhängigkeit vom ausgewählten Rechenverfahren:

- für das Tabellenverfahren nach DIN V 18599-4:2007-02 Gleichung (10)

$$p_j = p_{j,\text{lx}} \cdot \bar{E}_\text{m} \cdot k_\text{A} \cdot k_\text{L} \cdot k_\text{R}$$

Dabei ist

$\bar{E}_\text{m}$ der Wartungswert der Beleuchtungsstärke nach DIN V 18599-10;

k_A der Minderungsfaktor zur Berücksichtigung des Bereichs der Sehaufgabe;

k_L der Anpassungsfaktor Lampe für nicht stabförmige Leuchtstofflampen nach Tabelle 2;

k_R der Anpassungsfaktor Raum nach Tabelle 3.

[Quelle: DIN V 18599-4:2007-02]

In DIN V 18599-4:2007-02 Gleichung (10) ist der Faktor $p_{j,\text{lx}}$ aufgeführt, der nach DIN V 18599-4:2007-02 Tabelle 1 den Rechenwert der spezifischen elektrischen Bewertungsleistung bezogen auf die Grundfläche je

Lux Wartungswert der Beleuchtungsstärke auf der Nutzebene für Leuchten mit stabförmigen Leuchtstofflampen und elektronischen Vorschalgeräten darstellt und in Abhängigkeit von der Beleuchtungsart unterschiedliche Werte annehmen kann.

Beleuchtungsart	**rel. unterer halbräumlicher Lichtstrom der Leuchte φ_u**	**spez. elektrische Bewertungsleistung $p_{j,lx}$ in W/(m² lx)**
direkt	$\geq 0{,}7$	0,05
direkt/indirekt	$0{,}1 \leq \varphi_u < 0{,}7$	0,06
indirekt	$< 0{,}1$	0,10

Tab. 11: Rechenwerte der spezifischen elektrischen Bewertungsleistung $p_{j,lx}$ [Quelle: in Anlehnung an DIN V 18599-4:2007-02 Tabelle 1].

- für das vereinfachte Wirkungsgradverfahren nach DIN V 18599-4:2007-02 Gleichung (12)

$$p_j = \frac{k_A \cdot \overline{E}_m}{WF \cdot \eta_S \cdot \eta_{LB} \cdot \eta_R}$$

Dabei ist

P_j die auf die Raumgrundfläche bezogene elektrische Bewertungsleistung für die Kunstlichtbeleuchtung eines Berechnungsbereiches;

k_A der Minderungsfaktor zur Berücksichtigung des Bereichs der Sehaufgabe;

WF der Wartungsfaktor, der nach DIN EN 12464-1 Alterungsprozesse bis zur nächsten Anlagenwartung berücksichtigt;

η_S die Systemlichtausbeute des eingesetzten Leuchtmittels mit Betriebsgerät;

η_{LB} der Betriebswirkungsgrad der eingesetzten Leuchte;

η_R der Raumwirkungsgrad nach Tabelle 4.

[Quelle: DIN V 18599-4:2007-02]

In DIN V 18599-4:2007-02 Gleichung (12) ist der Raumwirkungsgrad η_R aufgeführt, der als Funktion aus Beleuchtungsart und Raumindex nach DIN V 18599-4:2007-02 Tabelle 4 ermittelt wird.

Beleuchtungsart	rel. unterer halbräumlicher Lichtstrom der Leuchte φ_u	Raumwirkungsgrad η_R				
		Raumindex *k*				
		0,60	1,00	1,50	2,50	4,00
direkt	$\geq 0{,}7$	0,48	0,67	0,82	0,94	1,02
direkt/indirekt	$0{,}1 \leq \varphi_u < 0{,}7$	0,23	0,36	0,48	0,62	0,73
indirekt	$< 0{,}1$	0,17	0,29	0,41	0,53	0,62

Tab. 12: Raumwirkungsgrade η_R
[Quelle: in Anlehnung an DIN V 18599-4:2007-02 Tabelle 4].

Während für das Berechnungsverfahren nach dem Tabellenverfahren keine Angaben zur Bedeutung der Beleuchtungsarten

- direkt
- direkt/indirekt
- indirekt

vorhanden sind, finden sich in DIN V 18599-4:2007-02 Tabelle 4 für das vereinfachte Wirkungsgradverfahren Hinweise zur Klassifizierung in eine der drei Beleuchtungsarten in Abhängigkeit des relativen unteren halbräumlichen Lichtstroms einer Leuchte.

Der Lichtstrom einer Leuchte wird nach DIN V 18599-4:2007-02 definiert als Größe φ, abgeleitet aus dem Strahlungsfluss (Strahlungsleistung) durch Bewertung der Strahlung entsprechend der spektralen Empfindlichkeit des menschlichen Auges (nach der CIE-Definition des photometrischen Normalbeobachters); und ist die von einer Lichtquelle ausgestrahlte oder von einer Fläche empfangene Lichtleistung.

Die DIN EN 12665:2011-09 »Licht und Beleuchtung – Grundlegende Begriffe und Kriterien für die Festlegung von Anforderungen an die Beleuchtung« enthält eine weitergehende Untergliederung der Beleuchtungsarten bzw. der Beleuchtungswirkung in Abhängigkeit des nach unten, in den unteren Halbraum abgegebenen und die Nutzebene erreichenden Lichtstroms:

- direkt
- vorwiegend direkt
- gleichförmig
- vorwiegend indirekt
- indirekt.

Darüber hinaus werden auch noch weitere Beleuchtungsarten wie

- gerichtete Beleuchtung und
- diffuse Beleuchtung

beschrieben, die jedoch bei der Ermittlung des Energiebedarfs nach DIN V 18599-4:2007-02 nicht berücksichtigt werden.

Während die DIN EN 12665 fünf Beleuchtungsarten beschreibt, beschränkt sich die DIN V 18599-4:2007-02 vereinfachend auf drei Beleuchtungsarten.

Beträgt der nach DIN V 18599-4:2007-02 Tabelle 4 in den unteren Halbraum abgegebene Lichtstrom einer Leuchte

weniger als 10 %	spricht man von einer indirekten Beleuchtung
mehr als 70 %	spricht man von einer direkten Beleuchtung
zwischen 10 und 70 %	spricht man von einer direkt/indirekten Beleuchtung.

DIN V 18599 – Anlagentechnik

16. Verteilung eines Gebäudes und Lage der Rohrabschnitte

Allgemeines: Bei der Bilanzierung von Gebäuden nach DIN V 18599 erfordert die Abbildung der Anlagentechnik einen geringfügig größeren Aufwand als nach DIN 4108-6 und DIN V 4701-10. Der größere Aufwand bei der Ermittlung der Randbedingungen zur Eingabe der Daten in eine Berechnungssoftware führt jedoch zu einer hilfreichen Präzisierung und damit in den überwiegenden Fällen auch zu exakteren und günstigeren Berechnungsergebnissen.
Die Abbildung einer Heizungsverteilung soll genauer untersucht und die Auswirkungen einer präziseren Abbildung für das Berechnungsergebnis dargestellt werden. Für die Ermittlung der Verteilverluste von Rohrleitungen einer Heizungsverteilung gilt Gleichung (38) gemäß DIN V 18599-5:2007-02:

$$Q_{h,d} = \sum U_i \cdot (\vartheta_{HK,m} - \vartheta_i) \cdot L_i \cdot t_{h,rL,i}$$

Dabei ist
U_i die längenbezogene Wärmedurchgangszahl in W/m K;
$\vartheta_{HK,m}$ die mittlere Heizmedientemperatur (siehe auch 5.4) in °C;
ϑ_i die Umgebungstemperatur (siehe auch 4.1 bzw. Tabelle 15) in °C;
L_i die Länge der Rohrleitung (Rohrabschnitte) in m;
$t_{h,rL,i}$ die monatliche rechnerische Laufzeit (siehe auch 5.4.1) in h.

Bei der Ermittlung der Rohrleitungsverluste spielt die Umgebungstemperatur ϑ_i eine wesentliche Rolle. In DIN V 18599-5:2007-02 Tabelle 15 sind Randbedingungen und Standardwerte aufgeführt, die bei der Berechnung herangezogen werden.

Hierbei wird die Umgebungstemperatur *innerhalb der Heizperiode* in drei Kenngrößen unterteilt:
a) Umgebungstemperatur nach DIN V 18599-2:2007-02
b) Umgebungstemperatur im unbeheizten Bereich
c) Umgebungstemperatur im beheizten Bereich

Umgebungstemperatur nach DIN V 18599-2:2007-02
Unter Umgebungstemperatur nach DIN V 18599-2:2007-02 ist die Bilanz-Innentemperatur einer Zone oder aber der flächengewichtete Durchschnitt der Bilanz-Innentemperaturen zu verstehen, sofern Leitungen durch mehrere Zonen mit unterschiedlichen Raum-Solltemperaturen geführt werden. Bei dieser Definition zur Lage der Verteilung oder auch einzelner Rohrabschnitte entstehen ungeregelte Wärmeeinträge nur in den ausgewählten Zonen.

Unbeheizter Bereich – außerhalb der thermischen Hülle
Die Umgebungstemperatur im unbeheizten Bereich außerhalb der thermischen Hülle, also beispielsweise in einem unbeheizter Keller, wird mit 13 °C angesetzt. Bei dieser Definition zur Lage der Verteilung oder auch einzelner Rohrabschnitte entstehen keine ungeregelten Wärmeeinträge im Bilanzbereich des realen Gebäudes.

Beheizter Bereich – außerhalb der thermischen Hülle
Sofern Leitungen in einem beheizten Bereich außerhalb der thermischen Hülle verlaufen, also beispielsweise durch ein Nachbargebäude, wird als Umgebungstemperatur 20 °C angesetzt. Bei dieser Definition zur Lage der Verteilung oder auch einzelner Rohrabschnitte entstehen keine ungeregelten Wärmeeinträge im Bilanzbereich des realen Gebäudes.

Bei der Berechnung der Rohrleitungsverluste *außerhalb der Heizperiode* werden 22 °C oder aber explizit berechnete Umgebungstemperaturen aus DIN V 18599-2:2007-02 angesetzt. Hierbei wird die Bilanz-Innentemperatur einer Zone als Umgebungstemperatur angesetzt. Werden Leitungen durch mehrere Zonen geführt, wird ein flächengewichteter Durchschnitt der Bilanz-Innentemperaturen errechnet.

Vereinfachungsmöglichkeit
Die DIN V 18599-5:2007-02 sieht noch ein alternatives Verfahren zur Vereinfachung vor, bei dem die Berechnung der Verteilung für das gesamte Gebäude durchgeführt und die Wärmeverluste der Verteilung dann allen Zonen flächenanteilig zugewiesen wird. Dieser Berechnungsansatz ist zu wählen, wenn die Lage der Verteilung bzw. von einzelnen Rohrabschnitten der Verteilung noch nicht bekannt ist.

In Zonen, durch die Rohrleitungen geführt werden, entspricht der Verlust dem ungeregelten Wärmeintrag nach DIN V 18599-5:2007-02 Gleichung (39).

$$Q_{\mathrm{l,h,d},i} = Q_{\mathrm{h,d},i}$$

Entscheidend für die weitere Bilanzierung ist nun, ob die bilanzierten Verluste der angelegten Rohrleitungen einer Verteilung lediglich als Verluste oder aber als ungeregelte Wärmeinträge gewertet werden. Diese Unterscheidung hat erheblichen Einfluss auf das berechnete Ergebnis.
In einer Softwareoberfläche kann üblicherweise für jeden Rohrabschnitt explizit definiert werden, mit welchen Randbedingungen die Rohrleitungsverluste errechnet werden sollen. Durch die Definition zur Lage einzelner Rohrabschnitte wird zum einen die Umgebungstemperatur definiert und zum anderen bestimmt, ob der errechnete Rohrleitungsverlust als ungeregelter Wärmeintrag oder als Verlust bilanziert wird.

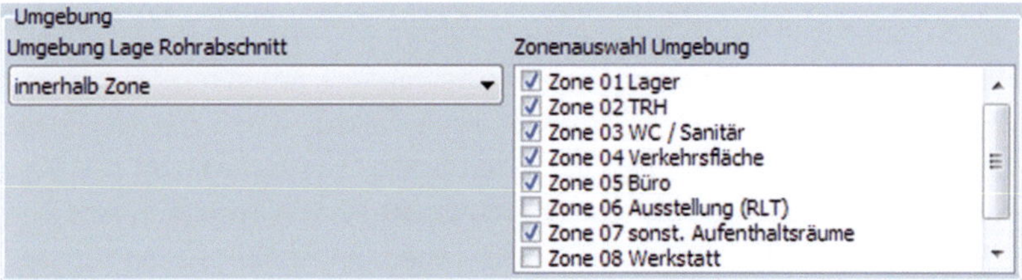

Abb. 15: Dateneingabe zur Lage von Rohrleitungen [Quelle: Software IBP:18599 High End]

Die Verrechnung ermittelter Rohrleitungsverluste als ungeregelte Wärmeeinträge für explizit ausgewählte Zonen erfolgt nach DIN V 18599-5:2007-02 entsprechend ihren Flächenanteilen.

Anmerkung: Die Zuordnung der Rohrabschnitte in die nach Norm definierten »Bereiche« hat erheblichen Einfluss auf das bilanzierte Ergebnis, da die Definition zur Lage von Rohrabschnitten für die Verwendung von Rohrleitungsverlusten als ungeregelte Wärmeeinträge von entscheidender Bedeutung ist.
Für den Anwender ist eine sorgsame Abbildung der Anlagentechnik im Allgemeinen und bei der Definition zur Lage einer Verteilung im Gebäude im Speziellen zwingend notwendig. Auch wenn die Norm mit dem

vereinfachten Verfahren eine recht zügige Abbildung ermöglicht, so wird der Aufwand bei der energetischen Schluss-Bilanzierung auf Basis des fertiggestellten Gebäudes steigen, wenn die Lage des Rohrnetzes auf Basis der Ausführungsplanung dann bekannt ist.

17. Wärmepumpen und Volumenströme (Primärkreis/Sekundärkreis)

Bei der Abbildung von Wärmepumpen nach DIN V 18599-5:2007-02 ist je nach Art der Wärmepumpe und je nach Art der Einbindung der Wärmepumpe in die gesamte Anlagentechnik ein Volumenstrom auf der Primär-/Sekundärseite anzugeben.
Nachfolgendes Schaubild erläutert prinzipiell die Funktionsweise eine Wärmepumpe.
Innerhalb eines geschlossenen Kreislaufs wird über den Verdampfer Energie aufgenommen und führt zur Verdampfung des Arbeitsmittels auf sehr niedrigem Temperaturniveau. Das nun gasförmige Arbeitsmittel wird am Verdichter mit elektrischem Aufwand komprimiert. Durch die Arbeit des Verdichters wird das Volumen des Arbeitsmittels reduziert und das Temperaturniveau des Dampfes weiter erhöht. Im Verflüssiger (Kondensator) erfolgt der Wärmeübergang auf ein Heizmedium. Durch diesen Vorgang wird das gasförmige Arbeitsmittel verflüssigt. Über das Expansionsventil wird der vorhandene Druck weiter abgebaut und der Kreislauf beginnt von vorne.

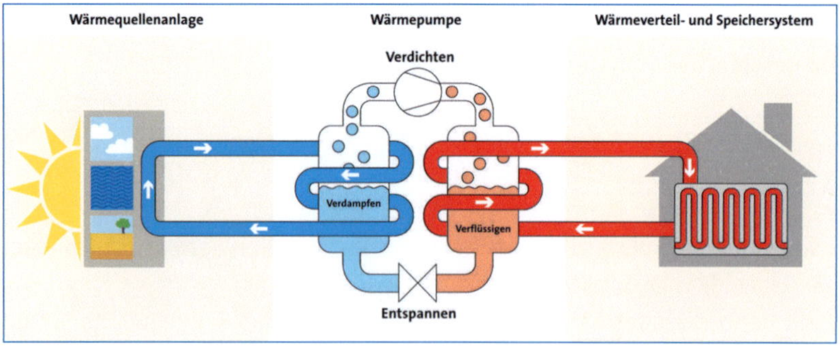

Abb. 16: Prinzip einer Wärmepumpe [Quelle: www.heizung-waermepumpe.de]

Die Primärseite bzw. der Primärkreis ist hierbei außerhalb des Verdampfers zu sehen und der Sekundärkreis bzw. die Sekundärseite außerhalb des Verflüssigers/Kondensators.
Nachfolgend soll erläutert werden wozu die Eingabe der Volumenströme dient und auf welcher Grundlage die Daten angenommen werden dürfen.
Wir betrachten zunächst folgende Wärmepumpentypen:

Primärkreis

Luft-Wasser Wärmepumpe
Nach DIN V 18599-5:2007-02 Abschnitt 6.4.2.9.1 werden Luft-Wasser Wärmepumpen als Einheit geprüft. Die Hilfsenergie für das Gebläse auf der Quellenseite (Primärkreis) ist hierbei bereits während der Messung nach DIN EN 14511 berücksichtigt.
Eine Berechnung der Leistungsaufnahme einer Hilfskomponente Quellenpumpe nach Gleichung (90) und die Bestimmung des Hilfsenergiebedarfs des Primärkreises nach Gleichung (89) ist somit nicht erforderlich.

Sole-Wasser und Wasser-Wasser Wärmepumpe
Nach DIN V 18599-5:2007-02 Abschnitt 6.4.2.9.1 ist die Hilfsenergie der Quellenpumpe zur Überwindung des entstehenden Druckabfalls in der Wärmequellenanlage nach Gleichung (89) in Abhängigkeit der Leistungsaufnahme der Hilfskomponente Quellenpumpe zu errechnen.

$$\Phi_{\text{prim,sek,aux}} = \frac{\Delta p \cdot \dot{V}}{\eta_{\text{aux}} \cdot 3600}$$

Dabei ist

$\Phi_{\text{prim,aux}}$ der Leistungsbedarf des Primärkreises, in W;
$\Phi_{\text{sek,aux}}$ der Leistungsbedarf des Sekundärkreises, in W;
Δ_{p} der Druckabfall der Primär- bzw. Sekundärseite, in Pa;
$\dot{V}$ der Volumenstrom, in m^3/h;
η_{aux} der Wirkungsgrad der Umwälzpumpe.

Die Angabe des Volumenstroms V_dot bezieht sich hierbei auf das im Primärkreis, also der Wärmepumpe am Verdampfer zugeführten Volumen der Soleflüssigkeit bzw. des im Förderbrunnen geförderten Oberflächen- oder Grundwassers in m^3/h.

Auf die Leistungszahl (*COP*) einer Wärmepumpe hat nach DIN V 18599-5:2007-02 die Angabe des primärseitigen Volumenstroms keinen Einfluss, da die Hilfsenergie zur Überwindung des internen Druckabfalls im Verdampfer bereits bei den Prüfstandsmessungen nach DIN EN 14511 berücksichtigt wurde.

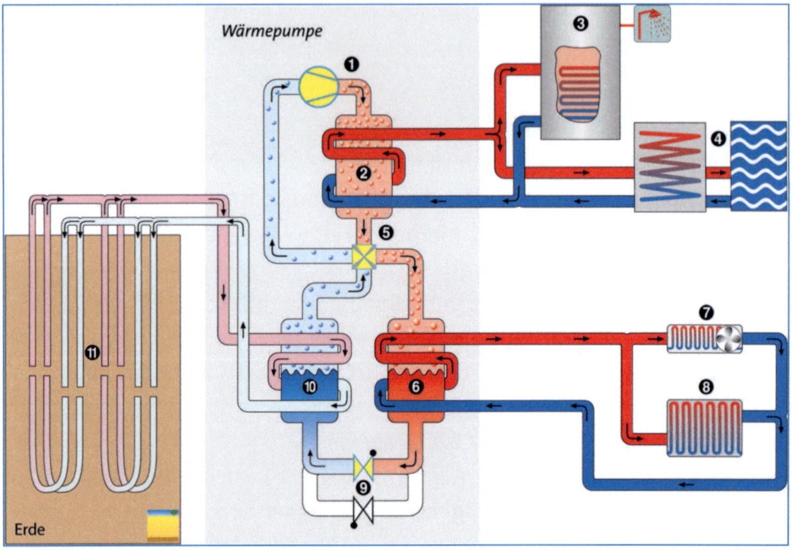

Abb. 17: Funktionsweise der Wärmepumpe
[Quelle: www.heizung-waermepumpe.de]

Die Angabe der Volumina auf der Primärseite erfordert üblicherweise eine projektspezifische Planung der Wärmepumpenanlage. Sofern keine Daten vorhanden sind, darf nach DIN V 18599-5:2007-02 ein Druckverlust von 40 kPa und der Volumenstrom mit der Nennleistung einer Wärmepumpe bei einer Temperaturdifferenz von 3K angesetzt werden.

Sekundärkreis

Die Angabe eines sekundärseitigen Volumenstroms ist nach DIN V 18599-5:2007-02 Abschnitt 6.4.2.9.2 nur bei Wärmepumpen mit integriertem Pufferspeicher oder hydraulischer Weiche zu berücksichtigen.
Bei einer hydraulischen Entkopplung der Wärmepumpe vom Verteilsystem, z. B. über einen Pufferspeicher, wird die Hilfsenergie für die zusätzlich erforderliche Speicherladepumpe nach Gleichung (90) berechnet.

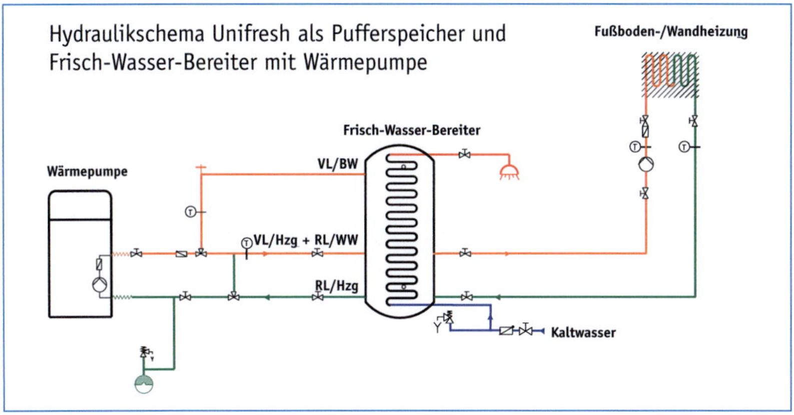

Abb. 18: Einbindungsschema für Wärmepumpen [Quelle: Ochsner]

Auf die Leistungszahl (*COP*) einer Wärmepumpe hat nach DIN V 18599-5:2007-02 die Angabe des sekundärseitigen Volumenstroms ebenfalls keinen Einfluss, da auch hier die Hilfsenergie zur Überwindung des internen Druckabfalls bereits bei den Prüfstandsmessungen nach DIN EN 14511 berücksichtigt wurde.
Auch die Angabe des Volumens im Sekundärkreis erfordert eine projektspezifische Planung der Wärmepumpenanlage.

Anmerkung: Die Abbildung einer Wärmepumpenanlage und die Eingabe der erforderlichen Volumenströme erfordert eine fachmännische Unterstützung durch Haustechnikplaner sowie durch den Hersteller der verwendeten Wärmepumpe. In der DIN V 18599-5:2007-02 gibt es keine Standardwerte, die der Nutzer hierfür heranziehen könnte.

18. Welche Bedeutung hat die Angabe der Klasse 1 bis Klasse 3 bei Biomassekesseln?

Bei der Abbildung von Biomassekesseln muss nach DIN V 18599-5:2007-02 angegeben werden, in welcher Klasse der Heizkesseltyp eingestuft ist. Die Einstufung in eine der drei aufgeführten Klassen ist erforderlich, um den Kesselwirkungsgrad des Kessels nach DIN V 18599-5:2007-02 Tabelle 31 bestimmen zu können. Der Kesselwirkungsgrad ist hierbei eine Funktion der Kesselnennleistung $\dot{Q}_N$.

$$\eta_{k,100\%} = (A + B \cdot \log(\dot{Q}_N))/100$$ Gleichung (120)

$$\eta_{k,pl} = (C + D \cdot \log(\dot{Q}_N))/100$$ Gleichung (12)

Die Klasse 3 stellt hierbei Heizkesseltypen dar, die den höchsten Kesselwirkungsgrad aufzuweisen haben.

Heizkesseltyp	**Baujahr**	**Faktor *A***	**Faktor *B***	**Faktor *C***	**Faktor *D***
Biomassekessel					
Klasse 3	ab 1994	67	6	68	7
Klasse 2	ab 1994	57	6	58	7
Klasse 1	ab 1994	47	6	48	7

Tab. 13 : Wirkungsgradfaktoren bei Biomassekesseln [Quelle: in Anlehnung an DIN V 18599-5:2007-02 Tabelle 31]

In DIN V 18599-5:2007-02 Abschnitt 6.4.3.2 wird angeführt, dass die Bestimmung

- des Verlustes $Q_{h,g}$;
- die Hilfsenergie $Q_{h,aux}$ eines Heizkessel

anhand

- der Nennwärmeleistung $\dot{Q}_N$,
- der Wirkungsgrade $\eta_{K100\%}$, $\eta_{K\,pl\%}$ ($\eta_{K30\%}$) nach der Richtlinie 92/42/EWG (Kesselwirkungsgradrichtlinie),
- des Bereitschaftsverlustes qB,70 und
- der elektrischen Leistung P_{aux} der Hilfsaggregate eines Heizkessels

erfolgt. Diese Werte müssen entweder durch Messungen als Produktwerte nach

- DIN EN 304,
- DIN EN 303-5,
- DIN EN 297 oder
- DIN EN 656

bestimmt werden. Sofern keine Messwerte vorliegen, dürfen die in der Norm hinterlegten Standardwerte verwendet werden. Je nach Hersteller sind die erforderlichen Daten in den Datenblättern für Biomassekessel aufgeführt, wie nachfolgendes Beispiel für einen Pelletkessel zeigt:

Technische Daten

Nenn-Wärmeleistungsbereich	kW	4–12	6–18	8–24	11–32	13–40	16–48
Abmessungen							
Länge	mm	1065	1065	1065	1170	1170	1170
Breite	mm	680	680	680	780	780	780
Höhe	mm	1485	1485	1485	1710	1710	1710
Breite mit Pelletbehälter	mm	1160	1160	1160	1360	1360	1360
Höhe mit Pelletbehälter	mm	1780	1780	1780	1910	1910	1910
Breite mit Anschlusseinheit	mm	1035	1035	1035	1130	1130	1130
Gewicht							
Vitoligno 300-P mit Wärmedämmung	kg	355	355	355	527	527	527
– mit Pelletbehälter	kg	453	453	453	631	631	631
– mit Anschlusseinheit	kg	387	387	387	571	571	571
Kesselklasse nach DIN EN 303-5		3	3	3	3	3	3
Abgasstutzen	mm	130	130	130	150	150	150
Inhalt Kesselwasser	Liter	100	100	100	180	180	180

Abb. 19: Technische Angaben eines Holzpelletkessels [Quelle: Viessmann]

Wir betrachten für einen Biomassekessel mit einer Kesselnennleistung von 15,373 kW die unterschiedlichen Kesselwirkungsgrade, die mit den Standard-Wirkungsgradfaktoren nach DIN V 18599-5:2007-02 Tabelle 31 und den Randbedingungen bei fehlenden Kennwerten errechnet wurden:

	Kesselwirkungsgrad bei Volllast $\eta_{K,100\%}$	Kesselwirkungsgrad bei Teillast $\eta_{K,pl\%}$ ($\eta_{K30\%}$)
Klasse 3	= 74,1 %	= 76,3 %
Klasse 2	= 64,1 %	= 66,3 %
Klasse 1	= 54,1 %	= 56,3 %

Anmerkung: Die Abbildung eines Biomassekessels nach DIN V 18599-5:2007-02 erfordert bei der Definition der Kesseltyp-Klasse eine weitere Recherche in den Produktdatenblättern. Da in einem recht frühen Stadium (HOAI LP 4) noch keine tiefergehenden Informationen zur Anlagentechnik vorliegen, hat der EnEV-Nachweisführende quasi vorzugeben, welcher Klasse der Biomassekessel angehören muss.

Im Regelfall sollte die Einordnung in Klasse 3, also die Klasse mit dem höchsten Kesselwirkungsgrad, kein übergroßes Risiko darstellen, zumal die aus der DIN EN 303 stammenden Wirkungsgradfaktoren, mit denen der Kesselwirkungsgrad berechnet wird, für die in Deutschland eingesetzten Biomassekessel eher untypisch sind. Es wird in jedem Fall empfohlen, in Abstimmung mit dem Haustechnikplaner produktspezifische Kennwerte zu verwenden, um im Regelfall bessere Ergebnisse erzielen zu können.

19. Fußbodenheizung und die Wärmedämmung (ohne, Mindest-, doppelte Mindestdämmung)

Bei der Abbildung einer Fußbodenheizung muss im Rahmen der Bilanzierung nach DIN V 18599 bestimmt werden, welche Art von Mindestdämmung nach DIN EN 1264 vorhanden ist. Die Festlegung ist nach DIN V 18599-5:2007-02 erforderlich, da sich über die Qualität der Wärmedämmung der Teilnutzungsgrad für spezifische Verluste der Verlegeflächen nach Tabelle 7 (Raumhöhen <= 4 m) bestimmt.

Einflussgrößen		**Teilnutzungsgrad**			
		η_L	η_C	η_B	
System	Fußbodenheizung			η_{B1}	η_{B2}
	– Nasssystem	1		0,93	
	– Trockensystem	1		0,96	
Spezifische Wärme-verluste Verlege-flächen	Flächenheizung ohne Mindestdämmung nach DIN EN 1264				0,86
	Flächenheizung mit Mindestdämmung nach DIN EN 1264				0,95
	Flächenheizung mit doppelter Mindestdämmung nach DIN EN 1264				0,99

Tab. 14: Nutzungsgrade für bauteilintegrierte Heizflächen
[Quelle: in Anlehnung an DIN 18599-5:2007-02 Tabelle 7]

Der Gesamtnutzungsgrad für die Wärmeübergabe im Raum errechnet sich nach DIN V 18599-5:2007-02 Gleichung (28) auch in Abhängigkeit von der Qualität einer evt. vorhandenen Wärmedämmung.

$$\eta_{h,ce} = \frac{1}{(4 - (\eta_L + \eta_C + \eta_B))} \tag{28}$$

Dabei ist

η_L der Teilnutzungsgrad für vertikales Lufttemperaturprofil;

η_C der Teilnutzungsgrad für Raumtemperaturregelung;

η_B der Teilnutzungsgrad für spezifische Verluste der Außenbauteile.

[Quelle: 18599-5:2007-02]

Mit der Bestimmung des Gesamtnutzungsgrades für die Wärmeübergabe im Raum lässt sich der monatliche Verlust der Wärmeübergabe als Funktion des Heizwärmebedarfs nach Gleichung (27) berechnen.

$$Q_{\mathrm{h,ce}} \left(\frac{f_{\mathrm{Radiant}} f_{\mathrm{int}} f_{\mathrm{hydr}}}{\eta_{\mathrm{h,ce}}} - 1 \right) Q_{\mathrm{h,b}} \tag{27}$$

Definition: Zur Begrenzung des Wärmestroms durch Decken an darunter liegende Räume muss der erforderliche Wärmeleitwiderstand der Dämmschicht, $R_{\lambda,\mathrm{ins}}$, einen Mindestwert nach Tabelle 15 besitzen. Der Wärmeleitwiderstand errechnet sich hierbei wie folgt:

$$R_{\lambda,\mathrm{ins}} = \frac{S_{\mathrm{ins}}}{\lambda_{\mathrm{ins}}} \tag{3}$$

Nach DIN EN 1264-4:2001 (D) Kapitel 4.4.2.1 müssen Dämmschichten unter Fußbodenheizungen in Abhängigkeit von den thermischen Randbedingungen folgende Mindest-Wärmeleitwiderstände aufweisen:

	unterhalb liegender beheizter Raum	**unterhalb liegender, teilweise unbeheizter Raum oder direkt auf Erdreich***	**unterhalb liegende Außenlufttemperatur**		
			Auslegungs-Außentemperatur		
			T_d >= 0 °C	**0 °C > T_d >= −5 °C**	**−5 °C > T_d >= −15 °C**
Wärmeleitwiderstand	0,75	1,25	1,25	1,50	2,00
* Prüfung Grundwasserspiegel, bei <= 5 m Wert erhöhen.					

Tab. 15: Mindest-Leitwiderstände der Dämmschichten unter Leitungen des Fußbodenheiz- bzw. Kühlsystems [Quelle: in Anlehnung an DIN EN 1264-4:2001 Tabelle 1]

Anmerkung: Die Abhängigkeit aus der DIN V 18599-5:2007-02, ob eine Fußbodenheizung mit keiner Wärmedämmung, mit Mindest- oder mit einer doppelten Mindestdämmung ausgeführt wurde, bezieht sich somit auf die in Tabelle 15 angeführten Mindest-Wärmeleitwiderstände. Diese sind bei der Berechnung je nach Bauteiltyp (z. B. Bodenplatte, Decke gegen Außenluft von unten oder Innendecken) zu berücksichtigen.

20. Welche Auswirkungen hat ein integriertes Pumpenmanagement?

Bei der Bestimmung des Endenergiebedarfs Wärme nach DIN V 18599-5:2007-02 Gleichung (4) ist ein Korrekturfaktor $f_{g,PM}$ zur Berücksichtigung von Wärmeerzeugern mit integriertem Pumpenmanagement bei Bedarf anzusetzen.

$$Q_{h,f} = (Q_{h,outg} + Q_{h,g}) \cdot f_{g,PM} - Q_{h,reg}$$

[Quelle: DIN V 18599-5:2007-02]

Definition: Im Sinne der Norm stellt ein integriertes Pumpenmanagement eine regelungstechnische Kopplung der Heizungsumwälzpumpe an den Betrieb des Brenners im Wärmeerzeuger dar. Der Korrekturfaktor für Wärmeerzeuger mit integriertem Pumpenmanagement berücksichtigt dabei den Betrieb des Erzeugers mit einer höheren Temperatur bei kürzeren Pumpenlaufzeiten.
In der DIN V 18599:2007-02 Teil 5 werden hierzu folgende Unterscheidungen vorgenommen:

- Wärmeerzeuger ohne integriertes Pumpenmanagement mit $f_{g,PM} = 1$
- Wärmeerzeuger mit integriertem Pumpenmanagement und außentemperaturgeführter Kesseltemperaturregelung mit $f_{g,PM} = 1,03$
- Wärmeerzeuger mit integriertem Pumpenmanagement und raumtemperaturgeführter Kesseltemperaturregelung mit $f_{g,PM} = 1,06$.

Nach DIN V 18599-5:2007-02 Gleichung (40) erfolgt die Berechnung des Elektroenergiebedarfs einer Heizungsumwälzpumpe über den hydraulischen Energiebedarf der Verteilung und über eine Aufwandszahl, die den Pumpenbetrieb beschreibt.

$$Q_{h,d,aux} = W_{h,d,hydr} \cdot e_{h,d,aux} \tag{40}$$

Dabei ist

$Q_{h,d,aux}$ der elektrische Aufwand (im Monat), in kWh;
$W_{h,d,hydr}$ der hydraulische Energiebedarf (im Monat), in kWh;
$e_{h,d,aux}$ die Aufwandszahl für Betrieb der Heizungspumpe.

[Quelle: DIN V 18599-5:2007-02]

Der hydraulische Energiebedarf von Heizungsverteilnetzen ergibt sich nach DIN V 18599-5:2007-02 Gleichung (41) aus der hydraulischen Leistung im Auslegungspunkt und der mittleren Belastung der Verteilung. Die weiteren Korrekturfaktoren f_{Sch} für die hydraulische Schaltung und f_{Abgl} für den hydraulischen Abgleich erfassen hierbei die die Anlagenauslegung betreffenden Größen. Der Korrekturfaktor $f_{d,PM}$ für Wärmeerzeuger mit integriertem Pumpenmanagement führt zu einer Verringerung der Laufzeit der Heizungsumwälzpumpe.

$$W_{h,d,hydr} = \frac{P_{hydr}}{1000} \cdot \beta_{h,d} \cdot (t_h \cdot f_{d,PM}) \cdot f_{Sch} \cdot f_{Abgl} \tag{41}$$

Dabei ist

P_{hydr} die hydraulische Leistung der Pumpe im Auslegungspunkt, in W;
$\beta_{h,d}$ die mittlere Belastung der Verteilung;
t_h die monatlichen Heizstunden (siehe 4.1), in h;
f_{Sch} der Korrekturfaktor hydraulische Schaltung;
f_{Abgl} der Korrekturfaktor hydraulischer Abgleich;
$f_{d,PM}$ der Korrekturfaktor für Wärmeerzeuger mit integriertem Pumpenmanagement.

[Quelle: DIN V 18599-5:2007-02]

Der Korrekturfaktor $f_{d,PM}$ für Wärmeerzeuger mit integriertem Pumpenmanagement kann hierbei folgende Werte annehmen:

- Wärmeerzeuger ohne integriertes Pumpenmanagement mit $f_{d,PM} = 1$
- Wärmeerzeuger mit integriertem Pumpenmanagement und außentemperaturgeführter Kesseltemperaturregelung mit $f_{d,PM} = 0,75$
- Wärmeerzeuger mit integriertem Pumpenmanagement und raumtemperaturgeführter Kesseltemperaturregelung mit $f_{d,PM} = 0,45$.

Praktisch bedeutet das bei Wärmeerzeugern mit integriertem Pumpenmanagement eine Reduzierung der Umwälzpumpenlaufzeit t_h um 25 % bzw. 55 %.

Anmerkung: Die praktische Auswirkung bei der Bilanzierung von Wärmeerzeugern mit integriertem Pumpenmanagement ist demnach eine verkürzte Pumpenlaufzeit und der damit einhergehende reduzierte Hilfsenergiebedarf bei allerdings auch gleichzeitig erhöhtem Endenergiebedarf $Q_{h,f}$. Die Erhöhung des Endenergiebedarfs $Q_{h,f}$ auf der einen und die Reduzierung des Hilfsenergiebedarfs auf der anderen Seite heben sich jedoch nicht auf. Dies führt bei der energetischen Bilanzierung dazu, dass sich das hier berechnete Ergebnis im Prozentbereich leicht verschlechtert.

Das in der DIN V 18599-5:2007-02 beschriebene integrierte Pumpenmanagement mit den aufgeführten Auswirkungen darf jedoch nicht mit der nach EnEV § 14 Abs. 1 beschriebenen Verpflichtung zum Einbau von zentralen, selbsttätig wirkenden Einrichtungen zur Verringerung und Abschaltung der Wärmezufuhr sowie zur Ein- und Ausschaltung elektrischer Antriebe in Abhängigkeit von

- der Außentemperatur oder einer anderen geeigneten Führungsgröße und
- der Zeit

verwechselt werden. Ein integriertes Pumpenmanagement im Sinne der Norm liegt bei Einhaltung der Anforderungen nach EnEV § 14 Abs. 1 nicht automatisch vor, sondern stellt eine Möglichkeit zu deren Erfüllung dar. Die direkte Kopplung eines vorhandenen integrierten Pumpenmanagements an den Brennerbetrieb ist eine von mehreren möglichen Regelstrategien für die Umwälzpumpe.

21. Abbildung einer Fernwärme-Hausstation

Die Abbildung einer Nah-/Fernwärmeversorgung in Form einer Fernwärme-Hausstation erfordert gemäß DIN V 18599-5:2007-02 weitergehende Kenntnisse über

- die Art der Fernwärme-Hausstation
- die Temperaturen auf der Primär- und Sekundärseite
- die Dämmklassen der Komponenten nach DIN EN 12828:2003
- die Vorlauftemperaturregelung (Hilfsenergie) für das Gebäudeheizsystem.

Die nachfolgende Grafik soll zunächst die grundlegende Systematik einer Fernwärme-Hausstation darstellen.

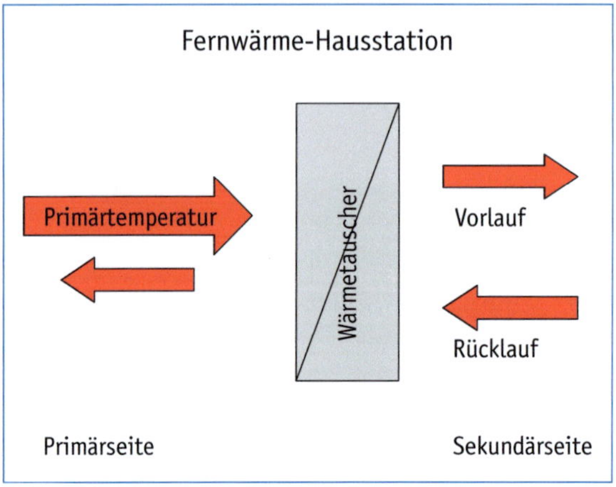

Abb. 20: Systematik einer Fernwärme-Hausstation [Quelle: Lutz Friederichs]

Art der Fernwärme-Hausstation

Nach DIN V 18599-5:2007-02 Tabelle 37 sind vier Arten der Fernwärme-Hausstation im Rahmen der Norm abbildbar. Die mittlere Heizmedientemperatur des Primärkreises ist nach Norm fixiert und nicht abänderbar. Den unterschiedlichen Arten der Fernwärme-Hausstation wird ein zusätzlicher Gewichtungsfaktor D_{DS} zugewiesen.

Warmwasser, niedrige Temperatur	mit $\vartheta_{prim,DS}$ = 105 °C	und D_{DS} = 0,6
Warmwasser, hohe Temperatur	mit $\vartheta_{prim,DS}$ = 150 °C	und D_{DS} = 0,4
Niederdruckdampf	mit $\vartheta_{prim,DS}$ = 110 °C	und D_{DS} = 0,5
Hochdruckdampf	mit $\vartheta_{prim,DS}$ = 180 °C	und D_{DS} = 0,4

Die mittlere Heizmedientemperatur des Primärkreises $\vartheta_{prim,DS}$ findet Eingang in die Berechnung der mittleren Temperatur der Fernwärme-Hausstation ϑ_{DS} .

Wärmeverluste $Q_{h,g}$ der Fernwärme-Hausstation

Die Wärmeverluste der Wärmeerzeugung einer Fernwärme-Hausstation werden nach DIN V 18599-5:2007-02 mit Gleichung (134) berechnet.

$$Q_{h,g} = H_{DS} \cdot (\vartheta_{DS} - \vartheta_{i})$$ Gleichung (134)

mit

$Q_{h,g}$ Wärmeverlust der Fernwärme-Hausstation und der Unterstationen in kWh/a,

H_{DS} Wärmeaustauschkoeffizient der Hausstation, in kWh/(K a),

ϑ_{DS} mittlere Temperatur der Hausstation, in °C,

ϑ_{i} Umgebungstemperatur am Aufstellort (siehe DIN V 18599-5 Tabelle 15), in °C.

Wärmetauschkoeffizient H_{DS} der Fernwärme-Hausstation

Der Wärmeaustauschkoeffizient H_{DS} errechnet sich nach DIN V 18599-5:2007-02 Gleichung (135) in Abhängigkeit vom spezifischen Wärmeverlustkoeffizienten B_{DS} und der Nennleistung der Fernwärme-Hausstation.

$$H_{DS} = B_{DS} \cdot \phi_{DS}^{1/3} \qquad \phi_{DS} \text{ in KW}, H_{DS} \text{ in KWh/Ka}$$ Gleichung (135)

Nach DIN V 18599-5 Abschnitt 6.4.5 wird die Nennleistung der Fernwärme-Hausstation Φ_{DS} hierbei mit der Kesselnennleistung $\dot{Q}_{N}$ gleichgesetzt.

Der spezifische Wärmeverlustkoeffizient B_{DS} wird in DIN V 18599-5:2007-02 Tabelle 38 als Funktion der Dämmklasse der Komponenten einer Fernwärme Hausstation nach DIN EN 12828 und der Art der Fernwärme-Hausstation dargestellt.

		$\vartheta_{prim,DS}$	Komponenten der Fernwärmehausstation Dämmklassen nach DIN EN 12828			
Art der Haus-station	Sekundärseite		4	3	2	1
	Primärseite		5	4	3	2
	Warmwasser, niedrige Temperatur	105 °C	3,5	4,0	4,4	4,9
	Warmwasser, hohe Temperatur	150 °C	3,1	3,5	3,9	4,3
	Niederdruckdampf	110 °C	2,8	3,2	3,5	3,9
	Hochdruckdampf	180 °C	2,6	3,0	3,3	3,7

Tab. 16: Koeffizient B_{DS} als Funktion der Dämmklasse und der Art der Fernwärme-Hausstation [Quelle: in Anlehnung an DIN V 18599-5:2007-02 Tabelle 38].

Dämmklasse der Komponenten

Die Dämmklassen der Komponenten nach DIN V 18599-5:2007-02 Tabelle 38 nehmen Bezug zur DIN EN 12828. Da eine genaue Angabe zur Ausgabe der Norm fehlt, ist davon auszugehen, dass es sich um die Ausgabe DIN EN 12828:2003 handelt, gemäß der Teile einer Heizungsanlage in unbeheizten Räumen gedämmt werden müssen, um ungewollte Wärmeverluste zu reduzieren.

Dämm-klasse	**maximaler Wärmedurchgang**	
	Rohr-Außendurchmesser $d_1 \leq 0{,}4$ m W/(m K)	**Rohr-Außendurchmesser $d_1 > 0{,}4$ m oder Ebene Oberfläche* W/(m² K)**
1	$3{,}3\ d_1 + 0{,}22$	1,17
2	$2{,}6\ d_1 + 0{,}20$	0,88
4	$1{,}5\ d_1 + 0{,}16$	0,49
6	$0{,}8\ d_1 + 0{,}12$	0,22
* incl. Behältern und Installationen mit ebenen oder gewölbten Oberflächen und Rohren ohne Verbindung zu Zirkulationsleitungen		

Tab. 17: Maximaler Wärmedurchgang in Abhängigkeit der Dämmklasse und des Rohraußendurchmessers [Quelle: in Anlehnung an DIN EN 12828:2003 Tabelle 1]

Mit den Angaben zum maximalen Wärmedurchgang lassen sich je nach Dämmklasse über die in DIN EN 12828:2003 Tabelle C.2 aufgeführten Rohrdurchmesser d_1 die zulässigen U_L Werte und damit die erforderlichen Dämmstärken in Abhängigkeit der Wärmeleitfähigkeit des verwendeten Wärmedämmstoffes ablesen, hier beispielhaft für die Dämmklassen 5 und 6 bis 100 mm Rohr-Außendurchmesser dargestellt.

d_1 in mm	U_L W/(m K)	Dämmklasse 5 λ W/(m K)			
		0,03	0,04	0,05	0,06
10	0,15	9	17	29	49
20	0,16	18	33	54	86
40	0,18	32	54	85	128
80	0,23	48	76	113	162
100	0,25	53	82	120	169

Tab. 18: Erforderliche Dämmstärken in Abhängigkeit der Wärmeleitfähigkeit der verwendeten Wärmedämmstoffe [Quelle: in Anlehnung an DIN EN 12828:2003]

mit

U_L linear thermischer Transmissionskoeffizient (anwendbar für Rohre) in W/mK

λ Wärmeleitfähigkeit der Wärmedämmung in W/mK

d_1 Außendurchmesser der Rohrleitung in mm.

Die notwendigen Angaben zu den Dämmklassen der Primär- und der Sekundärseite sind üblicherweise über den Haustechnik-Fachplaner und das Energieversorgungsunternehmen (EVU) zu beziehen.

Gewichtete Temperatur zwischen Primär- und Sekundärseite in Abhängigkeit von D_{DS}

Die mittlere Temperatur der Hausstation ϑ_{DS} errechnet sich nach DIN V 18599-5:2007-02 Gleichung (136) in Abhängigkeit des Gewichtungsfaktors D_{DS} aus Tabelle 37 der Norm und den mittleren Temperaturen auf der Primär- und Sekundärseite, wobei auf der Sekundärseite $\vartheta_{sek,DS} = \vartheta_{HK,m}$ gesetzt wird.

Die mittlere Heizkreistemperatur $\vartheta_{HK,m}$ wird nach DIN V 18599-5:2007-02 für selbsttätig temperaturgesteuerte Heizkreise in Abhängigkeit der mittleren Belastung und der mittleren Temperaturdifferenz bei Auslegungsbedingungen berechnet.

Umgebungstemperatur ϑ_i

Die Umgebungstemperatur ϑ_i am Aufstellort der Fernwärme-Hausstation richtet sich für den unbeheizten oder beheizten Bereich nach den Standardwerten der DIN V 18599-5:2007-02 in Tabelle 15.

Hilfsenergie für die Vorlauftemperaturregelung des Gebäudeheizsystems

Nach DIN V 18599-5:2007-02 wird die Hilfsenergie der Fernwärme-Hausstation vernachlässigt und ist bei der Bilanzierung nicht zu berücksichtigen.

Hinweis: Sofern sich die Vorlauftemperaturregelung für das Gebäudeheizsystem in der Fernwärme-Hausstation befindet, wird hierfür eine pauschale Hilfsenergie $Q_{h,g,aux}$ in Höhe von 10 kWh je Monat angesetzt und bilanziert.

22. Ermittlung der Kesselnennleistung für ein Wohngebäude (Heizung + TWW)

Die Kesselnennleistung $\dot{Q}_N$ ermittelt sich nach DIN V 18599-5:2007-02 Gleichung (16) aus der maximalen Leistung der angeschlossenen Verbraucher. Je nach Gleichzeitigkeit der vorhandenen Bedarfe errechnet sich die Kesselnennleistung entweder aus der *größten Einzelleistung* oder der *Summe gleichzeitiger Bedarfe* nach DIN V 18599-5:2007-02 Nr. 6.4.3.
Bei bestehenden Gebäuden wird die Nennleistung der vorhandenen Wärmeerzeugeranlage eingesetzt. Wenn diese nicht ermittelt werden kann, so wird für Wärmeerzeuger die erforderliche Heizleistung in Abhängigkeit des Kessel-Baujahres nach Gleichung (16) oder (17) berechnet.

ab 1994 $\dot{Q}_{N,h} = 1{,}3 \cdot \dot{Q}_{h,max}$ (Gleichung 16)
[Quelle: DIN V 18599-5:2007-02]

vor 1994 $\dot{Q}_{N,h} = 2{,}5 \cdot \dot{Q}_{h,max}$ (Gleichung 17)
[Quelle: DIN V 18599-5:2007-02]

Die maximale Gebäudeheizleistung $\dot{Q}_{h,max}$ wird für das betrachtete Musterwohngebäude nach DIN V 18599-2:2007-02 Anhang B.2 berechnet.

Auslegungsbedingungen
Die maximal erforderliche Gebäudeheizleistung ist nach DIN V 18599-2:2007-02 Anhang B.3 aus der überschlägigen Bilanzierung der quasistationären Transmissions- und Lüftungswärmesenken unter den klimatischen Bedingungen der Auslegung für den Heizfall zu berechnen.

Hierbei
- werden interne Wärmeeinträge und solare Wärmegewinne zu null gesetzt
- wird ein reduzierter Heizbetrieb während der Nachtstunden nicht berücksichtigt
- werden die Luftvolumenströme während der Nutzungszeit angesetzt
- werden Wärme- und Kälteeinträge durch die Wärme- und Kälteerzeugung, Speicherung und Verteilung nicht berücksichtigt.

Auslegungstag
Die Werte zur Berechnung der maximal erforderlichen Heizleistung zur Auslegung der Gebäudetechnik sind in Tabelle 8 der DIN V 18599-10:2007-02 aufgeführt. Das Tagesmittel der Außentemperatur wird für den Auslegungsmonat Januar mit –12 °C, die Innentemperatur mit +20 °C angenommen.

Maximale Heizleistung (für den Auslegungstag ohne mechanische Lüftung)
Nach Gleichung B.1 gilt für die maximale Heizleistung

$$\dot{Q}_{h,max} = \dot{Q}_{sink,max} = \dot{Q}_{T,max} + \dot{Q}_{V,max}$$

(Gleichung B.1)
[Quelle: DIN V 18599-2]

mit

$$\dot{Q}_{T,max} = \sum_j H_{T,j}(\vartheta_{i,h,min} - \vartheta_{j,h,min}) \qquad \text{(Gleichung B.2)}$$

Auslegungstemperatur $\vartheta_{e,min}$ –12 °C
(DIN V 18599-10, Tab. 8)

Innentemperatur $\vartheta_{i,h,min}$ 20 °C
(DIN V 18599-10)

Wärmetransferkoeffizienten für Transmission

$H_{T,D}$ Wärmetransferkoeffizient zwischen beheizten oder gekühlten Zonen und außen,

$H_{T,iu}$ Wärmetransferkoeffizient zwischen beheizten und unbeheizten oder

$H_{T,iz}$ Wärmetransferkoeffizient zwischen angrenzenden beheizten oder gekühlten Zonen (4k-Regel),

$H_{T,s}$ Wärmetransferkoeffizient über das Erdreich (entspricht L_s nach DIN EN ISO 13370)

[Quelle: DIN V 18599-2]

mit

$$\dot{Q}_{V,max} = \sum_j H_{V,k}(\vartheta_{i,h,min} - \vartheta_{k,h,min}) \qquad \text{(Gleichung B.3)}$$

Auslegungstemperatur $\vartheta_{e,min}$ –12 °C
(DIN V 18599-10, Tab. 8)

Innentemperatur $\vartheta_{i,h,min}$ 20 °C
(DIN V 18599-10)

Lüftungswärmetransferkoeffizient für Lüftung
von außen
von einer anderen Gebäudezone oder
durch eine Lüftungsanlage

[Quelle: DIN V 18599-2]

Für ein beispielhaft betrachtetes Wohngebäude werden die Werte für die beiden Wärmetransferkoeffizienten

- Transmission H_T
- Lüftung H_V

in den berechneten Detailergebnissen einer EnEV Software abgelesen. Für den Auslegungsmonat Januar ergeben sich für den Zeitraum der Nutzungstage, das sind nach DIN V 18599-10:2007-02 365 Tage, folgende Werte:

Transmission H_T = 156,33 W/K
Lüftung H_V = 125,59 W/K

Setzt mn die Tabellenwerte in die Gleichungen ein, ergeben sich folgende Berechnungsergebnisse:

$$\dot{Q}_{T,max} = 156{,}33\ W/K \cdot (20K - (-12K)) = 156{,}33\ W/K \cdot 32\ K = 5\,002{,}56\ W = 5{,}00\ kW$$

$$\dot{Q}_{V,max} = 125{,}59\ W/K \cdot (20K - (-12K)) = 125{,}59\ W/K \cdot 32\ K = 4\,018{,}88\ W = 4{,}02\ kW$$

Die maximale Heizleistung ermittelt sich nun wie folgt:

$$\dot{Q}_{h,max} \cdot \dot{Q}_{T,max} + \dot{Q}_{V,max}$$

$$\dot{Q}_{h,max} = 5{,}00\ kW + 4{,}02\ kW = 9{,}02\ kW$$

Berechnung der Kesselnennleistung nach DIN V 18599-5:2007-02 ab Baujahr 1994

Für das betrachtete Wohngebäude ergibt sich somit eine Kesselnennleistung von:

$$\dot{Q}_{N,h} = 1{,}3 \cdot 9{,}02\ kW = 11{,}73\ kW$$

Berechnung der Kesselnennleistung nach DIN V 18599-5:2007-02 vor Baujahr 1994

Bei Kesselanlagen die vor dem Baujahr 1994 errichtet wurden, berechnet sich die Kesselnennleistung mit

$$\dot{Q}_{N,h} = 2{,}5 \cdot 9{,}02 \text{ kW}$$
$$= 22{,}55 \text{ kW}$$

Kesselnennleistung bei kombinierten Kesseln nach DIN V 18599-8:2007-02

Der hier betrachtete Brennwertkessel ist als »kombinierter Kessel« für die Heizwärmeerzeugung und Warmwasserbereitung vorgesehen. Die Kesselnennleistung berechnet sich in diesem Fall nach DIN V 18599-8:2007-02 Gleichung (94).

$\dot{Q}_N = 42 \cdot (Q_{w,b,d}/0{,}036)^{0,7}$ bzw. für Kombikessel $\dot{Q}_N = 24$ kW

Dabei ist

$Q_{w,b,d}$ die tägliche Nutzenergie für Trinkwarmwasser (siehe 4.1), in kWh

Berechnung des täglichen Nutzenergiebedarfs für Trinkwarmwasser

Das betrachtete Wohngebäude ist ein Einfamilienhaus für das nach DIN V 18599-10:2007-02 Tabelle 3 ein Nutzenergiebedarf für die Warmwasserbereitung von 12,0 kWh/(m^2a) anzusetzen ist. Bei einer Wohnfläche von 187,50 m^2 ergibt sich ein jährlicher Nutzenergiebedarf von 2 250 kWh/a.

Somit errechnet sich ein täglicher Nutzenergiebedarf für Trinkwarmwasser von

$$Q_{w,b,d} = 2\,250 \text{ kWh/a} : 365 \text{ d/a} = 6{,}1644 \text{ kWh/d}$$

Berechnung der Kesselnennleistung nach DIN V 18599-8:2007-02

Mit dem zuvor errechneten Wert für den täglichen Trinkwarmwasserbedarf kann die Berechnung der Kesselnennleistung nach Gleichung (94) erfolgen:

$$\dot{Q}_N = 0{,}42 \cdot (6{,}1644 \text{ kWh} : 0{,}036)^{0,7} = 15{,}373 \text{ kW}$$

Die aus DIN V 18599-8:2007-02 Gleichung (94) errechnete Kesselnennleistung ist jedoch nur dann zu verwenden, wenn sich bei gleichzeitigem Einsatz für Heizsysteme keine größere Kesselnennleistung berechnet. Dies soll im folgenden Beispiel erläutert werden.

Baujahr ab 1994
Bei dem Wohngebäude ist die aus dem Normenteil 8 errechnete Kesselnennleistung größer, als die aus dem Normenteil 5 für Heizzwecke errechnete Kesselnennleistung.

$$\dot{Q}_{N,h} < \dot{Q}_N$$

Für die weitere Bilanzierung wird $\dot{Q}_N$ verwendet.

Baujahr vor 1994
Betrachtet man Kesselanlagen, die vor 1994 errichtet wurden, so ist bei dem Wohngebäude die aus dem Normenteil 8 errechnete Kesselnennleistung kleiner, als die aus dem Normenteil 5 für Heizzwecke errechnete Kesselnennleistung. Die Gleichung (93) in DIN V 18599-8:2007-02 enthält keinen »Altersfaktor« in Abhängigkeit vom Baujahr vor/nach 1994 zur Anpassung der Kesselnennleistung.

$$\dot{Q}_N < \dot{Q}_{N,h}$$

Für die weitere Bilanzierung wird nun $\dot{Q}_{N,h}$ verwendet.

23. Negative Übergabeverluste bei Strahlungsheizungen

Die monatlichen Verluste der Wärmeübergabe werden nach DIN V 18599-5:2007-02 Abschnitt 6.1 Gleichung (27) berechnet:

$$Q_{h,ce} = \left(\frac{f_{Radiant} f_{int} f_{hydr}}{\eta_{h,ce}} \right) Q_{h,b} \qquad (27)$$

mit

$f_{Radiant}$ der Faktor für den Strahlungseinfluss (nur relevant bei Hallenheizungen mit h > 4 m)

f_{int} der Faktor für intermittierenden Betrieb

f_{hydr} der Faktor für den hydraulischen Abgleich. Der Faktor ist gleich 1 zu setzen

$n_{h,ce}$ der Gesamtnutzungsgrad für die Wärmeübergabe im Raum

$Q_{h,b}$ der Nutzwärmebedarf (im Monat) in kWh.

Der Gesamtnutzungsgrad für die Wärmeübergabe im Raum berechnet sich nach DIN V 18599-5:2007-02 Gleichung (28) wie folgt:

$$\eta_{h,ce} = \frac{1}{(4 - (\eta_L + \eta_C + \eta_B))} \quad (28)$$

Dabei ist

η_L der Teilnutzungsgrad für vertikales Lufttemperaturprofil;
η_c der Teilnutzungsgrad für Raumtemperaturregelung;
η_B der Teilnutzungsgrad für spezifische Verluste der Außenbauteile.

Zur Bestimmung des Gesamtnutzungsgrades für die Wärmeübergabe im Raum nach Gleichung (28) werden in den Tabellen 6 bis 11 Teil- und Gesamtnutzungsgrade für Raumhöhen < = 4 m, Hallenbauten mit Raumhöhen > 4 m, unterschiedliche Wärmeschutzniveaus, Raumtemperaturregelungen sowie Heizsysteme aufgeführt:

Tabelle 6 Nutzungsgrade für freie Heizflächen (Heizkörper), Raumhöhen <= 4 m
Tabelle 7 Nutzungsgrade für bauteilintegrierte Heizflächen (Flächenheizungen), Raumhöhen <= 4 m
Tabelle 8 Nutzungsgrade für Elektroheizungen (Raumhöhen <= 4 m)
Tabelle 9 Nutzungsgrade für Luftheizungen (RLT-Anlage) (Raumhöhen <= 4 m)
Tabelle 10 Nutzungsgrade für Räume mit Höhen 4 m bis 10 m (Hallenbauten)
Tabelle 11 Nutzungsgrade für Räume mit Höhen > 10 m.

Wir betrachten einen Hallenbau mit einer Raumhöhe von 6 m der über Warmwasser-Deckenstrahlplatten beheizt werden soll und berechnen zunächst für unterschiedliche Raumtemperaturregelungen die Gesamtnutzungsgrade $n_{h,ce}$ für die Wärmeübergabe im Raum.

Zur Berechnung der monatlichen Verluste der Wärmeübergabe $Q_{h,b}$ setzen wir anschließend die ermittelten Werte für

$n_{h,ce}$ = Werte in Abhängigkeit der Raumtemperatur Regelung
$f_{Radiant}$ = 0,85 (siehe Abschnitt 6.1.6)
f_{int} = 1,00 (siehe Abschnitt 6.1.6)
f_{hydr} = 1,00 (siehe Abschnitt 6.1)

in Gleichung (27) der DIN V 18599-5:2007-02 ein

$$Q_{h,ce} = \left(\frac{f_{Radiant} f_{int} f_{hydr}}{\eta_{h,ce}} \right) Q_{h,b}$$

und erhalten folgende Kennwerte für die Verluste der Wärmeübergabe im Raum:

Raumhöhen 4 bis 10 m	**6 m**					
Heizsystem	**Warmwasser-Deckenstrahlplatten / Hell- & Dunkelstrahler**					
Raumtemp.-Regelung	unge-regelt	Zwei-punkt-regler	P-Regler (2K)	P-Regler (1K)	PI-Regler	PI-Regler mit Optim.
η_C (Raumtemperaturregelung)	0,80	0,93	0,93	0,95	0,97	0,99
η_L (vertikales Lufttemperaturprofil)	0,99	0,99	0,99	0,99	0,99	0,99
η_B (spez. Verluste über Außenbauteile)	1,00	1,00	1,00	1,00	1,00	1,00
$\boldsymbol{\eta_{h,ce}}$	**0,826**	**0,926**	**0,926**	**0,943**	**0,962**	**0,980**
$f_{Radiant}$	0,85	0,85	0,85	0,85	0,85	0,85
f_{int}	1	1	1	1	1	1
f_{hydr}	1	1	1	1	1	1
Qh,ce	**0,029**	**–0,082**	**–0,082**	**–0,099**	**–0,116**	**–0,133**
* Heizwärmebedarf des Raumes	* $Q_{h,b}$	* $Q_{h,b}$	* $Q_{h,b}$	* $Q_{h,b}$	* $Q_{h,b}$	* $Q_{h,b}$
Übergabeverluste in %	**2,85%**	**–8,20%**	**–8,20%**	**–9,90%**	**–11,60%**	**–13,30%**

Tab. 19: Herleitung der Übergabeverluste von WW-Deckenstrahlplatten als Funktion des Heizwärmebedarfs [Quelle: Lutz Friederichs]

Die nachfolgende Grafik zeigt den Zusammenhang von Raumtemperaturregelung und Verluste der Wärmeübergabe:

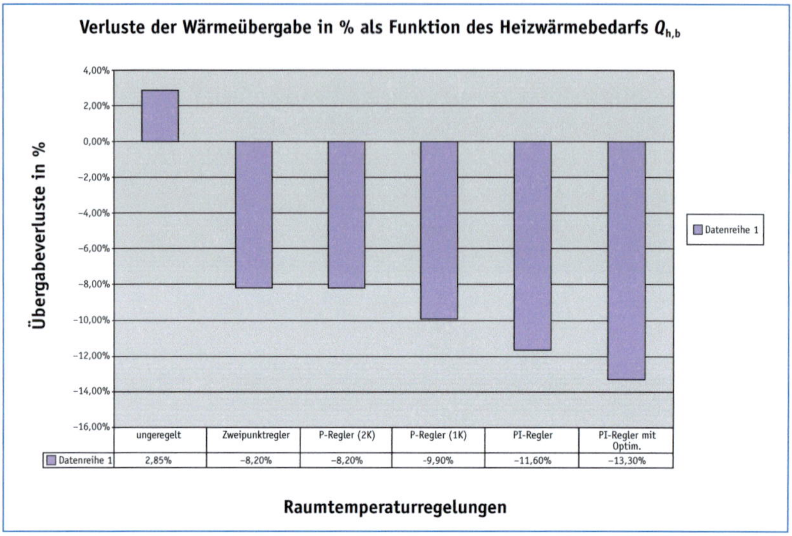

Abb. 21: Verluste der Wärmeübergabe als Funktion des Heizwärmebedarfs [Quelle: Lutz Friederichs]

Mit qualitativ verbesserter Raumtemperaturregelung errechnen sich höhere negative Übergabeverluste, die zu einer Verbesserung des bilanzierten Berechnungsergebnisses führen. Die negativen Berechnungsergebnisse verwirren zunächst, da bei anderen Arten der Wärmeübergabe, wie z. B. bei freien Heizflächen (Heizkörper) positive Verluste der Wärmeübergabe im Raum errechnet werden.

Zur Erläuterung dieses Effektes findet sich in DIN V 18599-100:2009-10 eine Ergänzung des Normtextes mit folgendem Inhalt:

»Der Faktor f_{Radiant} gibt den reduzierten Heizenergiebedarf durch die bei Strahlungsheizungssystemen relativ zur Sollinnentemperatur abgesenkte Lufttemperatur im Aufenthaltsbereich an. Bei der Berechnung des Übergabeverlusts von Strahlungsheizungssystemen in Räumen mit Höhen > 4 m kann es demzufolge zu negativen Ergebnissen dieses Teilsystems kommen.« [Quelle: DIN V 18599-100:2009-10].

Anmerkung: Die Bedeutung dieser Bilanzierungsergebnisse ist insbesondere bei der Vor-Projektierung hilfreich, wenn es in Zusammenarbeit zwischen Bauherr – Architekt – EnEV-Nachweisführendem um die Ausarbeitung von Wärmeversorgungskonzepten und deren Auswirkungen auf das EnEV-Berechnungsergebnis geht.
Es handelt sich bei den negativen Übergabeverlusten nicht um einen Berechnungsfehler, sondern vielmehr um die Berücksichtigung der Tatsache, dass bei Strahlungsheizungen quasi eine energetische »Gutschrift« für die gefühlt höhere Temperatur durch den Strahlungseffekt gewährt wird.

24. Warum ist bei Wärmeerzeugern mit Erdgas H als Energieträger der Endenergiebedarf höher als der Primärenergiebedarf?

Die Bilanzierung der Endenergien nach DIN V 18599-1:2007-02 und die Aufsummierung der getrennt nach Energieträgern aufgeführten Energiemengen erfolgt nach Gleichung (21) auf Basis des Brennwertes.

$$Q_{f,j} = Q_{h,f,j} + Q_{h^*,f,j} + Q_{c,f,j} + Q_{c^*,f,j} + Q_{m^*,f,j} + Q_{rv,f,j} + Q_{w,f,j} + Q_{l,f,j} + Q_{f,j,aux} \pm Q_{f,j,x} \qquad (21)$$

Dabei ist

$Q_{f,j}$ die Endenergie eines Energieträgers j;

$Q_{h,f,j}$ die Endenergie für das Heizsystem, versorgt über den Energieträger j (siehe 5.5.2);

$Q_{h^*,f,j}$ die Endenergie für die RLT-Heizfunktion, versorgt über den Energieträger j (siehe 5.5.2);

$Q_{c,fj}$ die Endenergie für das Kühlsystem, versorgt über den Energieträger j (siehe 5.5.2);

$Q_{c^*,f,j}$ die Endenergie für die RLT-Kühlfunktion, versorgt über den Energieträger j (siehe 5.5.2);

$Q_{m^*,f,j}$ die Endenergie für die Befeuchtung, versorgt über den Energieträger j (siehe 5.5.2);

$Q_{w,f,j}$ die Endenergie für Trinkwarmwasser, versorgt über den Energieträger j (siehe 5.5.2);

$Q_{rv,f,j}$ die Endenergie für Wohnungslüftung, versorgt über den Energieträger j (siehe 5.5.2);

$Q_{l,f,j}$ die Endenergie für Beleuchtung, versorgt über den Energieträger j (siehe 5.5.1);

$Q_{f,j,aux}$ die Endenergie für Hilfsenergien, versorgt über den Energieträger j (siehe 5.5.3);

[Quelle: DIN V 18599-1:2007-02]

Bei der Umrechnung der Endenergie auf die Primärenergie wird nach Gleichung (23) gleichzeitig auch eine Umrechnung von brennwertbezogener auf heizwertbezogene Energie vorgenommen:

$$Q_P = \sum_j \left(Q_{f,j} \cdot \frac{f_{p,j}}{f_{HS/HI,j}} \right) \qquad \text{(Gleichung 23)}$$

Dabei ist

Q_P die heizwertbezogene Primärenergie;

$Q_{f,j}$ die Endenergie je nach Energieträger j (siehe 5.5.4);

f_P der Primärenergiefaktor (siehe Tabelle A.1);

$f_{HS/HI}$ der Umrechnungsfaktor für die Endenergie (siehe Tabelle B.1).

[Quelle: DIN V 18599-1:2007-02]

Dies führt bei Wärmeerzeugern mit Erdgas H als Energieträger dazu, dass der Primärenergiebedarf kleiner sein kann als der zuvor ermittelte Endenergiebedarf.

Die Ursache liegt hierfür liegt in dem Umrechnungsfaktor $f_{HS/HI}$ für Erdgas H gemäß DIN V 18599-1:2007-02 Tabelle B.1

Energieträger	**Verhältnis Brennwert H_s / Heizwert H_i Umrechnungsfaktor Endenergie $f_{HS/HI}$**
Heizöl	1,06
Erdgas	1,11
Holz	1,08
Strom-Mix	1,00

Tab. 20: Energieträgerabhängige Umrechnungsfaktoren
[Quelle: in Anlehnung an DIN V 18599-1:2007-02 Tabelle B.1]

Beispielrechnung: Der Jahres-Endenergiebedarf $Q_{h,f}$ für die Beheizung eines Gebäudes soll 10 000 kWh/a betragen. Als Energieträger kommt Erdgas H zum Einsatz. Der Primärenergiefaktor für Erdgas H (nicht erneuerbarer Anteil) beträgt nach DIN V 18599-1:2007-02 Tabelle A.1 $f_p = 1,1$.

Energieträger*	Primärenergiefaktoren f_p für den nicht erneuerbarer Anteil B
Heizöl EL	1,10
Erdgas H	1,10
Holz	0,20
* Bezugsgröße Endenergie (Heizwert H_i)	

Tab. 21: Primärenergiefaktoren [Quelle: in Anlehnung an DIN V 18599-1:2007-02 Tabelle A.1]

Der Umrechnungsfaktor $f_{HS/HI}$ für Erdgas H wird aus Tabelle B.1 entnommen und beträgt $f_{HS/HI} = 1,11$.

Nach DIN V 18599-1:2007-02 Gleichung (23) wird folgende Berechnung vorgenommen:

$Q_{h,p} = (10\,000 \text{ kWh/a} \cdot 1,1) : 1,11 = 11\,000 : 1,11 = 9\,909,91 \text{ kWh/a} < 10\,000 \text{ kWh/a}$

Anmerkung: Es handelt sich bei der errechneten und betragsmäßig kleineren Jahres-Primärenergie nicht um einen Berechnungsfehler, sondern vielmehr um die Berücksichtigung des Umstandes, dass die Endenergie auf den Heizwert zurückgerechnet wird.

25. Einfluss der Wärmedämmung auf die Übergabeverluste einer Fußbodenheizung

Bei der Abbildung von bauteilintegrierten Heizflächen für Raumhöhen < 4 m sind unterschiedliche Teilnutzungsgrade nach DIN V 18599-5:2007-02 Tabelle 7 in Abhängigkeit von den berücksichtigenden Einflussgrößen angegeben.

Einflussgrößen		Teilnutzungsgrad			
		η_L	η_C	η_B	
System	Fußbodenheizung			η_{B1}	η_{B2}
	– Nasssystem	1		0,93	
	– Trockensystem	1		0,96	
Spezifische Wärmeverluste Verlegeflächen	Flächenheizung ohne Mindestdämmung nach DIN EN 1264				0,86
	Flächenheizung mit Mindestdämmung nach DIN EN 1264				0,95
	Flächenheizung mit doppelter Mindestdämmung nach DIN EN 1264				0,99

Tab. 22: Nutzungsgrade für bauteilintergrierte Heizflächen
[Quelle: in Anlehnung an DIN V 18599-5:2007-02 Tabelle 7]

Aus den in Tabelle 7 aufgeführten Teilnutzungsgraden lässt sich ein Gesamtnutzungsgrad der Wärmeübergabe im Raum errechnen. Dieser Gesamtnutzungsgrad berechnet sich hierbei nach DIN V 18599-5:2007-02 Gleichung (28)

$$\eta_{h,ce} = \frac{1}{(4 - (\eta_L + \eta_C + \eta_B))}$$

Dabei ist

η_L Teilnutzungsgrad für vertikales Lufttemperaturprofil

η_C Teilnutzungsgrad für Raumtemperaturregelung

η_B Teilnutzungsgrad für spezifische Wärmeverluste der Aussenbauteile.

Während der Teilnutzungsgrad η_L für das vertikale Lufttemperaturprofil und der Teilnutzungsgrad für das Raumtemperaturprofil η_C als Tabellenwert abgelesen werden können, muss der Teilnutzungsgrad η_B für spezifische Wärmeverluste der Aussenbauteile gemäß DIN V 18599-5:2007-02 Gleichung (31) in Abhängigkeit von zwei weiteren Teilnutzungsgraden η_{B1} und η_{B2} bestimmt werden.

$$\eta_B = (\eta_{B1} + \eta_{B2})/2$$

Der Teilnutzungsgrad η_{B1} berücksichtigt hierbei das verwendete *System*:

- Fußbodenheizung
  - Nasssystem $\eta_{B1} = 0{,}93$
  - Trockensystem $\eta_{B1} = 0{,}96$
  - Trockensystem mit geringer Überdeckung $\eta_{B1} = 0{,}98$
- Wandheizung $\eta_{B1} = 0{,}93$
- Deckenheizung $\eta_{B1} = 0{,}93$

Der Teilnutzungsgrad η_{B2} berücksichtigt die *spezifischen Wärmeverluste über Verlegeflächen*:

- Flächenheizung *ohne* Mindestdämmung nach DIN EN 1264
  $\eta_{B2} = 0{,}86$
- Flächenheizung *mit* Mindestdämmung nach DIN EN 1264
  $\eta_{B2} = 0{,}95$
- Flächenheizung *mit 100 % besserer Dämmung* als nach DIN EN 1264 erforderlich
  $\eta_{B2} = 0{,}99$

Wir bestimmen nun beispielhaft den Teilnutzungsgrad η_B für eine Fußbodenheizung als Nasssystem mit den drei unterschiedlichen Dämmstufen:

η_B (ohne Mindestdämmung) $= (0{,}93 + 0{,}86)/2 = 0{,}895$
η_B (mit Mindestdämmung) $= (0{,}93 + 0{,}95)/2 = 0{,}940$
η_B (mit 100 % besserer Dämmung) $= (0{,}93 + 0{,}99)/2 = 0{,}960$

Zur Berechnung des Gesamtnutzungsgrades $\eta_{h,ce}$ der Wärmeübergabe im Raum nach Gleichung (28) werden folgende Kennwerte aus DIN V 18599-5:2007-02 Tabelle 7 verwendet:

$\eta_L = 1$ (Nasssystem)
$\eta_C = 0{,}93$ (Zweipunktregler/P-Regler)

Setzt man die abgelesenen und errechneten Kennwerte für die Teilnutzungsgrade nun in Gleichung (28) ein, ergeben sich folgende Gesamtnutzungsgrade $\eta_{h,ce}$ in Abhängigkeit von der verwendeten Dämmung

Gesamtnutzungsgrad ohne Mindestdämmung
$\eta_{h,ce}$ = 1/(4–(1+0,93+0,895)) = 0,85

Gesamtnutzungsgrad mit Mindestdämmung
$\eta_{h,ce}$ = 1/(4–(1+0,93+0,940)) = 0,88 (um ca. 3,5 % höherer Gesamtnutzungsgrad)

Gesamtnutzungsgrad mit 100 % besserer Dämmung
$\eta_{h,ce}$ = 1/(4–(1+0,93+0,960)) = 0,90 (um ca. 5,9 % höherer Gesamtnutzungsgrad)

Nach DIN V 18599-5:2007-02 Gleichung (27) errechnen sich die Verluste der Wärmeübergabe im Monat in Abhängigkeit von dem des Gesamtnutzungsgrad $Q_{h,ce}$ für die Wärmeübergabe im Raum.

$$Q_{h,ce} = \left(\frac{f_{Radiant} f_{int} f_{hydr}}{\eta_{h,ce}} \right) Q_{h,b}$$

Dabei ist

$f_{Radiant}$ der Faktor für Strahlungseinfluss (nur relevant bei Hallenheizungen mit h > 4 m)

f_{int} der Faktor für intermittierenden Betrieb

f_{hydr} der Faktor für den hydraulischen Abgleich

$Q_{h,b}$ der Nutzwärmebedarf im Monat.

Gemäß DIN V 18599-5:2007-02 Abschnitt 6.1.2 werden die in Gleichung (27) aufgeführten Faktoren mit folgenden Kennwerten versehen:

- der Faktor für den Strahlungseinfluss $f_{Radiant}$ wird mit 1,0 angesetzt
- der Faktor für intermittierenden Betrieb f_{int} wird mit 0,98 angesetzt.

Definition: Die Möglichkeit zur raumweisen Absenkung der Temperatur wird nach DIN V 18599-5:2007-02 als intermittierende Betriebsweise ausgelegt. Der Faktor für den hydraulischen Abgleich f_{hydr} ist nach DIN V 18599-5:2007-02 Abschnitt 6.1 mit 1,0 anzusetzen, da in Abschnitt 6.1.2 keine weiteren Angaben hierzu getätigt werden. Betrachtet man die Verluste der Wärmeübergabe im Raum als Funktion des Nutzwärmebedarfs ergeben sich folgende Ergebnisse:

Übergabeverluste ohne Mindestdämmung
$Q_{h,ce} = ((1 \cdot 0{,}98 \cdot 1)/0{,}85)-1) \cdot Q_{h,b} = 0{,}15 \cdot Q_{h,b}$

Übergabeverluste mit Mindestdämmung
$Q_{h,ce} = ((1 \cdot 0{,}98 \cdot 1)/0{,}88)-1) \cdot Q_{h,b} = 0{,}11 \cdot Q_{h,b}$ (um ca. 27 % geringere Übergabeverluste)

Übergabeverluste mit 100 % besserer Dämmung
$Q_{h,ce} = ((1 \cdot 0{,}98 \cdot 1)/0{,}90)-1) \cdot Q_{h,b} = 0{,}09 \cdot Q_{h,b}$ (um ca. 40 % geringere Übergabeverluste)

Aus den gewonnenen Ergebnissen lässt sich neben der Notwendigkeit einer präzisen Datenerfassung vor allem die Notwendigkeit einer präzisen Dateneingabe im Allgemeinen und von bauteilintegrierten Heizflächen für Raumhöhen < 4 m im Besonderen ablesen.

26. Betriebsdauer von Wohnungslüftungsanlagen in Wohngebäuden

Bei der energetischen Bewertung von Wohnungslüftungsanlagen (WLA) nach DIN V 18599-6:2007-02 wird zwischen zwei Betriebszeiten einer WLA unterschieden, die bei der Abbildung in einer Software zu berücksichtigen sind.

Heizperiodenbetrieb
Unter Heizperiodenbetrieb versteht man, dass das Wohnungslüftungssystem außerhalb der Heizperiode abgeschaltet wird. Die Heizperiode (Heizmonate) wird hierbei nach DIN V 18599-2:2007-02 ermittelt. Somit fällt ein zu bilanzierender energetischer Aufwand zum Betrieb der WLA nur dann an, wenn das Gebäude beheizt werden muss.

Ganzjahresbetrieb
Bei dem Ganzjahresbetrieb einer WLA wird der Betrieb unabhängig von dem Vorhandensein eines Nutzwärmebedarfs angenommen.

DIN V 18599-10:2007-02

In DIN V 18599-10:2007-02 Tabelle 3 sind »Richtwerte der Nutzungsrandbedingungen für die Berechnung des Energiebedarfs von Wohngebäuden« aufgeführt. Sofern eine Wohnungslüftungsanlage (WLA) vorhanden ist, gilt als Richtwert für die Betriebsdauer der Heizperiodenbetrieb. Die in DIN V 18599-10:2007-02 Tabelle 3 abgebildeten Werte werden bei der Bilanzierung des EnEV Referenzgebäudes verwendet.

Beispielprojekt

In einem Wohngebäude ist eine Wohnungslüftungsanlage (Anlage A.2.2.1) vorhanden, die im Rahmen des öffentlich-rechtlichen Nachweises abzubilden ist. Die zentrale Anlage ist bedarfsgesteuert und mit einer Wärmerückgewinnung (verbesserter Standardwert $\eta_{WÜT,mth}$ = 0,80) bestückt. Die Hilfsenergie der Ventilatoren und der Regelung soll bei der Erzeugung berücksichtigt werden.
Für das Beispielprojekt werden nun die zwei oben angeführten Betriebsdauern abgebildet und die bilanzierten Ergebnisse dargestellt.

Heizperiodenbetrieb

Bei der Dateneingabe wird der »Heizperiodenbetrieb« eingestellt.

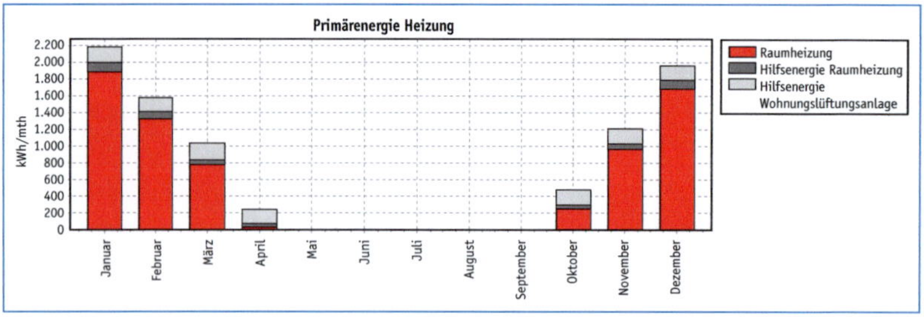

Abb. 22: Ergebnisdarstellung Ist-Gebäude im Heizperiodenbetrieb [Quelle: Lutz Friederichs]

In den bilanzierten Ergebnissen lässt sich ablesen, dass die WLA in den Monaten außerhalb eines Nutzwärmebedarfs (bei diesem Gebäude von Mai bis September) abgeschaltet ist. Hieraus resultiert folgendes Ergebnis nach EnEV 2009:

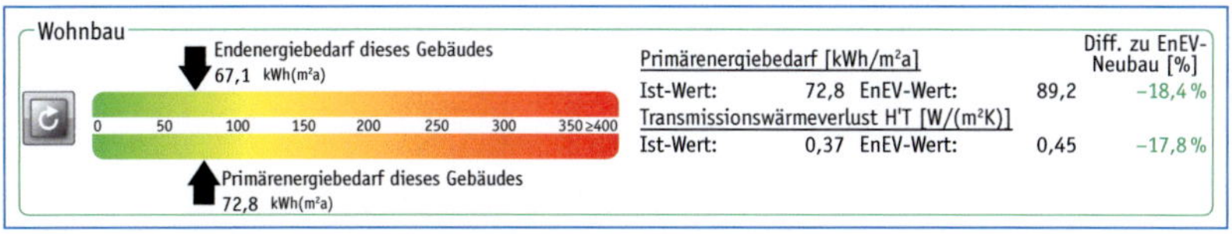

Abb. 23: Bandtacho Ist-Gebäude im Heizperiodenbetrieb
[Quelle: Lutz Friederichs]

Ganzjahresbetrieb

Bei der Dateneingabe wird der »Ganzjahresbetrieb« eingestellt.

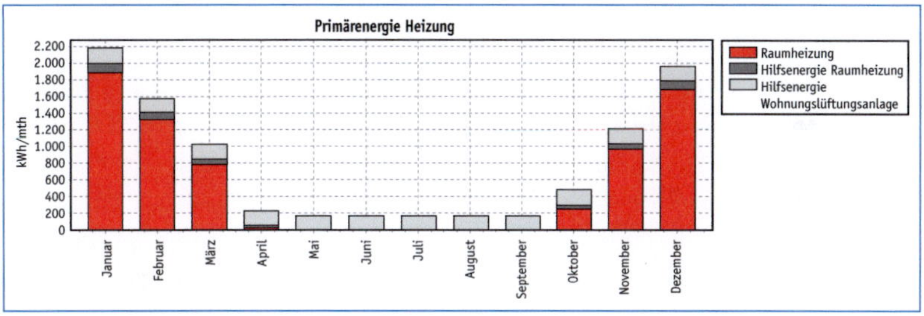

Abb. 24: Ergebnisdarstellung Ist-Gebäude im Ganzjahresbetrieb
[Quelle: Lutz Friederichs]

In den bilanzierten Ergebnissen lässt sich ablesen, dass die WLA auch in den Monaten außerhalb der Heizperiode eingeschaltet und in Betrieb ist. Hieraus resultiert nun folgendes Ergebnis nach EnEV 2009:

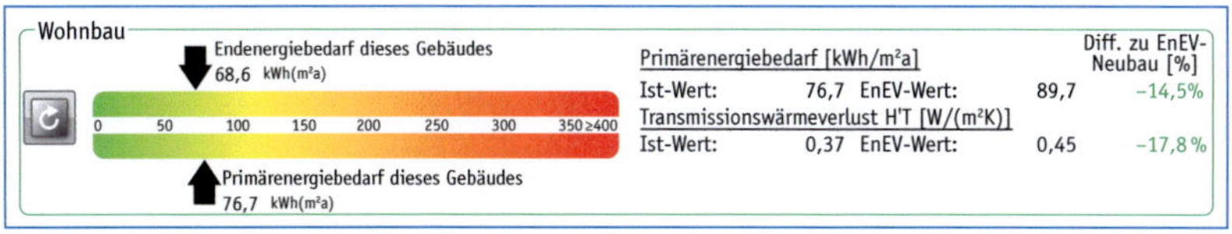

Abb. 25: Bandtacho Ist-Gebäude im Ganzjahresbetrieb [Quelle: Lutz Friederichs]

Zwischen beiden Varianten tritt insbesondere bei der Primärenergie eine deutliche Ergebnisveränderung ein , da die Hilfsenergie für den Ventilatorstrombedarf der WLA mit dem Primärenergiefaktor f_p=2,6 bewertet wird.

EnEV Nachweisführung

Auch wenn beide Betriebszustände abgebildet und berechnet werden können, gilt für die öffentlich-rechtliche Nachweisführung die Betriebsdauer nach DIN V 18599-10:2007-02 Tabelle 3. Ein Abweichen von der Betriebsdauer »Heizperiodenbetrieb« ist nicht zu empfehlen, auch wenn im realen Gebäude eine andere Betriebsweise vorgesehen ist. Im Rahmen einer Energieberatung kann die Abbildung der WLA im Ganzjahresbetrieb für eine realistische Abbildung zu empfehlen sein.

27. Einfluss der Raumhöhe auf das Heizsystem im Referenzgebäude

Nach DIN V 18599-1:2007-02 Kapitel 8 wird für eine Zone, das gesamte Gebäude oder auch für einen Versorgungsbereich neben der Geschosshöhe h_G, der Geschossanzahl n_G (Anzahl der beheizten Geschosse) auch die charakteristische Länge L_G und charakteristische Breite B_G nach DIN V 18599-5:2007-02 Anhang B bestimmt.
Diese Eingangsdaten finden z. B. Anwendung bei der Berechnung der Verteilung eines zentralen Heizsystems nach DIN V 18599-5:2007-02 Tabelle 15 (vereinfachtes Verfahren) und auch bei der Berechnung der Verteilung eines zentralen Trinkwarmwassernetzes nach DIN V 18599-8:2007-02 Tabelle 6 (vereinfachtes Verfahren).
Darüber hinaus werden die Kennwerte zur Beschreibung eines Gebäudes u. a. auch für die Berechnung der Kollektorfläche A_C einer solarthermischen Anlage nach DIN V 18599-8:2007-02 Tabelle 12 oder auch zur Berechnung der Volumina V von Speichern herangezogen.
Die Angabe der Geschosshöhe h_G für das Gesamtgebäude hat jedoch keinen Einfluss auf die Auswahl der Anlagentechnik im Referenzgebäude nach EnEV Anlage 2 Tabelle 1, Zeile 3.1 bis 3.4.

Ausführung des Referenzgebäudes – EnEV 2009 Anlage 2 Tabelle 1
Neben den oben angeführten Geometriedaten, die ein Gebäude beschreiben sollen, wird in der EnEV 2009 Anlage 2 Tabelle 1 in den Zeilen 3.1 bis 3.4 auch auf die Raumhöhe abgestellt.
Nach DIN V 18599-5:2007-02 Kapitel 3 Nr. 3.1.35 ist eine »Zone« die grundlegende räumliche Berechnungseinheit für die Energiebilanzierung. Folglich ist auf Zonenebene auch eine explizite Eingabe der Raumhöhe erforderlich.

Mit der Veröffentlichung der »Auslegungsfragen zur Energieeinsparverordnung – Teil 12« des DIBt am 08.03.2010 wurde hinsichtlich der Referenzausführung der Heizung von Nichtwohngebäuden für Raumhöhen von mehr als 4 m eine Präzisierung vorgenommen. Darüber hinaus wurde in der Auslegungsstaffel Nr. 12 des DIBt beschrieben: *»Auf Grund der Differenzierung ausschließlich nach Raumhöhe und der nach Gebäudezonen differenzierten Gültigkeit von Anlage 2 Tabelle 1 EnEV ist die Zeile 3.4 auch dann für einzelne Zonen von Gebäuden mit Raumhöhen von mehr als 4 m die maßgebliche Referenz, wenn das Gebäude ansonsten geringere Raumhöhen aufweist und somit die Referenz für die übrigen Zonen eine zentrale Anlage nach den Zeilen 3.1 bis 3.3 ist.«*

Demnach können im Referenzgebäude bei unterschiedlichen Raumhöhen unterschiedliche Heizsysteme zum Einsatz kommen, auch wenn das im realen Gebäude nicht der Fall ist. Nach vorangegangenen unterschiedlichen Interpretationen der Referenztechnik (nach EnEV) in Zonen mit Raumhöhen größer 4 m, wurde also über die Auslegungsstaffel Nr. 12 eine eindeutige Beschreibung der anzusetzenden Technik vorgenommen.

Nachfolgende Tabelle soll die zu berücksichtigen Unterschiede bei der Anlagentechnik vereinfacht darstellen:

bis 4 m Raumhöhe	**größer 4 m Raumhöhe**
Wärmeerzeuger	
Zeile 3.1 Brennwertkessel »verbessert« nach DIN V 18599-5:2007-02, Gebläsebrenner, Heizöl EL, Wasserinhalt > 0,15 l/kW	Zeile 3.4 Warmluftheizung mit normalem Induktionsverhältnis, Luftauslass seitlich, P-Regler (1K) nach DIN V 18599-5:2007-02 Präzisierung durch Auslegungsstaffel Nr. 12 des DIBt: *»Vor diesem Hintergrund ist bei den Warmluftheizungen nach Anlage 2 Tabelle 1 Zeile 3.4 EnEV als Referenz von einem gasbefeuerten Warmlufterzeuger der kleinsten Größenklasse (Nennwärmeleistung 4–25 Kilowatt) auszugehen.«*

(Fortsetzung, siehe nächste Seite)

(Fortsetzung von vorheriger Seite)

bis 4 m Raumhöhe		**größer 4 m Raumhöhe**
Wärmeverteilung		
Zeile 3.2 bei statischer Heizung und Umluftheizung:	Zeile 3.2 bei zentralem RLT Gerät:	keine Wärmeverteilung vorhanden, da *dezentrale* Wärmeerzeugung über gasbefeuerte Warmlufterzeuger (siehe DIBt)
Zweirohrnetz, außen liegende Verteilleitungen im unbeheizten Bereich, innen liegende Steigstränge, innen liegende Anbindeleitungen, Systemtemperatur 55/45 °C, hydraulisch abgeglichen, Δp konstant, Pumpe auf Bedarf ausgelegt, etc.	Zweirohrnetz, Systemtemperatur 70/55°C, hydraulisch abgeglichen, Δp konstant, Pumpe auf Bedarf ausgelegt, etc.	
Wärmeübergabe		
Zeile 3.3 bei statischer Heizung:	Zeile 3.3 bei Umluftheizung (dezentrale Nachheizung in RLT-Anlagen):	Zeile 3.4 Warmluftheizung mit normalem Induktionsverhältnis, Luftauslass seitlich, P-Regler (1K) nach DIN V 18599-5:2007-02
freie Heizflächen an der Außenwand mit Glasfläche mit Strahlungsschutz, P-Regler (1K), keine Hilfsenergie	Regelgröße Raumtemperatur, hohe Regelgüte	nach DIBt gasbefeuerte Warmlufterzeuger der kleinsten Größenklasse (Nennwärmeleistung 4–25 Kilowatt)

Tab. 23: Übersicht der Anlagentechnik im Referenzgebäude in Abhängigkeit der Raumhöhe [Quelle: Lutz Friederichs].

Beispielhaft wird eine reine Produktionshalle (Nutzungsprofil 22, niedrig beheizt), die über einen BW-Kessel verbessert mit Erdgas H als Energieträger und freien Heizflächen mit P-Reglern (2K) beheizt werden soll, betrachtet. Für die Geometriedaten wurden folgende Werte angesetzt:

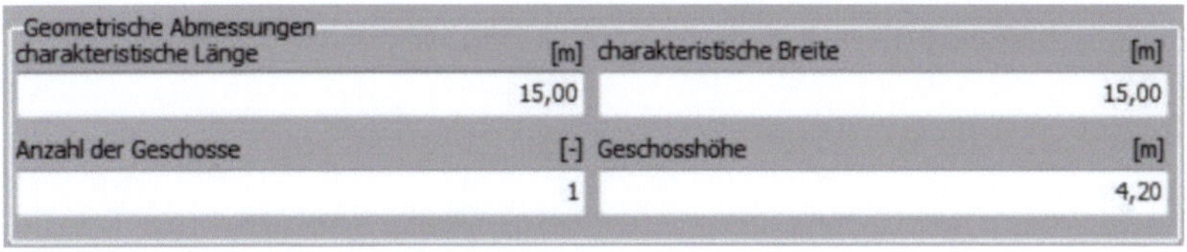

Abb. 26: Dateneingabe Gebäudegeometrie mit h_G = 4,20 m
[Quelle: Software IBP:18599 High End]

In der Bilanzzone wird für die Raumhöhe irrtümlicherweise die Geschosshöhe h_G angesetzt.

Abb. 27: Dateneingabe Raumhöhe h = 4,20 m
[Quelle: Software IBP:18599 High End]

Daraus folgt ein Bilanzergebnis für das Gebäude von

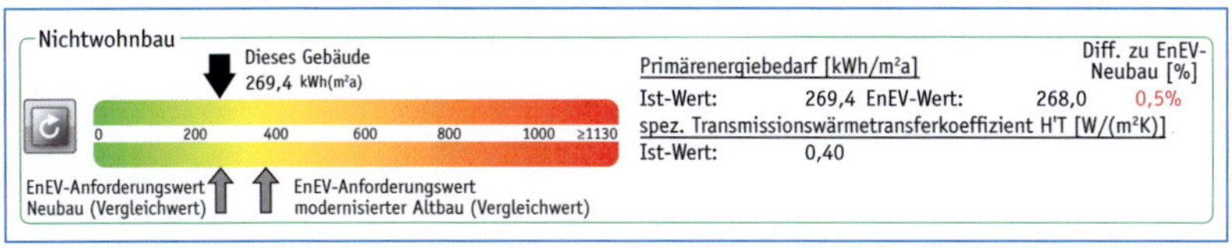

Abb. 28: Ergebnisdarstellung für Raumhöhe = 4,20 m [Quelle: Lutz Friederichs].

Wird in der Bilanzzone für die Raumhöhe nicht die Geschosshöhe, sondern der für diese Zone zutreffende Wert von h = 3,83 m angesetzt

Abb. 29: Dateneingabe Raumhöhe h = 3,83 m
[Quelle: Software IBP:18599 High End]

ändert sich das Bilanzergebnis wie folgt:

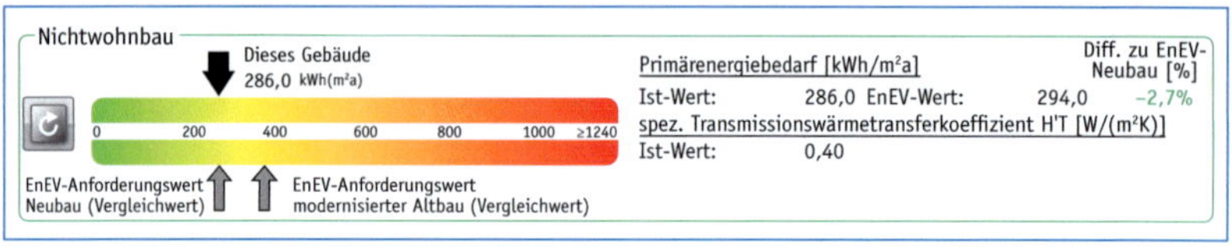

Abb. 30: Ergebnisdarstellung für Raumhöhe = 3,83 m [Quelle: Lutz Friederichs].

Die Ergebnisveränderungen am realen Gebäude sind auf die unterschiedlichen Teilnutzungsgrade nach DIN V 18599-5:2007-02 Tabelle 6 für »Raumhöhen bis 4 m« bzw. Tabelle 10 für »Raumhöhen ab 4 m bis 10 m« zurückzuführen.

Anmerkung: In diesem Beispiel hat die korrekte Dateneingabe einen rechnerischen Vorteil für das reale Gebäude erzeugt. Bei der Dateneingabe für eine Zone ist daher zwingend darauf zu achten, dass nicht die Geschosshöhe, sondern die Raumhöhe der betrachteten Zone einzugeben ist. Ein sichtbarer Beweis, dass im Referenzgebäude eine geänderte Anlagentechnik zum Einsatz kommt, kann je nach verwendeter Software bei den Energieträgern des Referenzgebäudes abgelesen werden.

Abbildungsverzeichnis

Tabellenverzeichnis

Stichwortverzeichnis